THE HANDBOOK OF JAPANESE AQUATIC INSECTS
Volume 3 : Dragonfly larvae

水生昆虫❸

ヤゴ
ハンドブック

尾園 暁・川島逸郎・二橋 亮 著

文一総合出版

■ ヤゴとは？

　トンボは、成虫が陸上で活動するのに対して、幼虫（ヤゴ）は水中で暮らしているため、両者の間で形態や生態にさまざまな違いが見られます。トンボの成虫は、基本的に視覚で相手を認識するため、あざやかな体色や斑紋を持つ種が多く、種を同定する際の参考になりますが、ヤゴは褐色系の地味な体色をしていることが多いです。その一方で、ヤゴの形には驚くほど多様性が見られ、枯れ葉のように平べったいコオニヤンマ、クモのように長い脚を持つヤマトンボ科などは、その最たる例と言えます。また、マジックハンドのように伸びる下唇は、昆虫の中でもトンボ（ヤゴ）で特殊化した構造となっており、下唇の形態は種の同定にもよく用いられます。また、成虫と比べて触角が発達しており、サナエトンボ科では触角の形が種の同定ポイントになります。さらに、腹部の背面や側面に存在する棘の数や形も、種を見分ける際に必須となることが多いです。

　ヤゴは水中で生活するため、消化管の内壁に発達した直腸鰓、もしくは囲肛節から生じた3枚の尾鰓を用いて呼吸します。後者は均翅亜目（本書ではアオイトトンボ科、カワトンボ科、モノサシトンボ科、イトトンボ科）にのみ存在しますが、尾鰓は欠落しても生存できることから、補助的なものと考えられています。

　ヤゴは、蛹を経ずに直接トンボの成虫へと羽化します。トンボの羽化にかかる時間は、数分から2時間以上まで種によって異なりますが、すべての種が殻から抜ける前に、しばらく休止します。休止の姿勢によって、直立型（成虫の頭と羽化殻の頭の向きが同じ）と倒垂型に分けられ、前者は均翅亜目とサナエトンボ科、ムカシヤンマ科、後者は本書ではムカシトンボ科、ヤンマ科、オニヤンマ科、エゾトンボ科、ヤマトンボ科、トンボ科が該当します。（二橋 亮）

ナゴヤサナエ♀
（直立型）

※写真はすべて
二橋亮・撮影。

ムカシヤンマ♂
（直立型）

ムカシトンボ♂
（倒垂型）

マルタンヤンマ♂
（倒垂型）

■ 本書の使い方

この本では、日本産トンボ目全204種のうち、本州に分布する121種のヤゴ(終齢幼虫)を収録しました。種名を調べるには、p.8〜9「科までたどるヤゴの検索表」で、まずは見つけたヤゴが属する科を調べ、つぎにp.10〜21「終齢幼虫の実物大一覧」を参考に大まかな見当をつけ、最後に各種の解説ページで類似種との違いなどを確認してください。なお、幼虫の体色や斑紋は種内でも変異が多く、キイロヤマトンボなど一部の種を除き、同定の手がかりにはならない点に注意ください。

凡例

① 科名・和名・学名:『ネイチャーガイド 日本のトンボ 第3版』(文一総合出版)に準拠した。亜種和名については、本文中で括弧内に紹介した。

② 解説: 分 分布域(迷入飛来で定着していない場合は、その記録地域を括弧内に収めた)、環 生息環境、生 生活史に関して簡単に説明した。写真の近くには、終齢幼虫の体長(均翅亜目では、尾鰓を除いた長さも併記した)を、著者らの計測結果、および図鑑・文献類をもとに記した。

③ 写真: 基本的に生きた個体を用いて撮影を行ったが、一部はアルコール液浸標本や羽化殻を使用した。なお、一部の個体は成虫♀から採卵、飼育して得たものである。

④ 部位の拡大イラスト: 写真では特徴がつかみにくい部位については、各種について詳細なイラストを使って解説した。

この本に掲載した若齢〜亜終齢幼虫の写真は、すべて実物大。

なお羽化殻では、腹部が伸びるなど変形していることも多いので、注意が必要である。

ヤゴの生活史

卵～若齢幼虫

トンボの卵は、種類によって水辺の植物や泥、コケに産みつけられるもの（アオイトトンボ科、カワトンボ科、モノサシトンボ科、イトトンボ科、ムカシトンボ科、ムカシヤンマ科、オニヤンマ科など）と、水中に直接産み落とされるもの（サナエトンボ科、エゾトンボ科、ヤマトンボ科、トンボ科の大部分）があります。卵の期間は、数日から1か月程度の種が多いですが、卵で越冬する種（アオイトトンボ属、ルリボシヤンマ属、アカネ属の一部など）では、卵で半年以上過ごすことが知られています。

アオモンイトトンボ♀の産卵
（二橋 亮・写真）

アオモンイトトンボ♀の羽化
（二橋 亮・写真）

卵は、孵化が近づくと、複眼の着色が目立つようになります。トンボは、孵化の際にまず「前幼虫」と呼ばれるエビ状の形態で卵から脱出し、「前幼虫」は数分程度で脱皮して1齢幼虫になります。幼虫は脱皮をくり返して成長しますが、脱皮の回数は同種内でもばらつきが見られ、10回前後が多いと報告されています。幼虫の期間は、短い種では1か月程度ですが、流水性の種を中心に数年かかる例も多く、ムカシトンボでは幼虫で5年以上過ごすと考えられています。

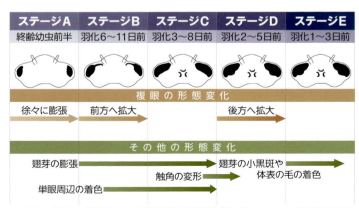

アオモンイトトンボ終齢幼虫における羽化前の形態変化（Okude et al., 2017を改変）

4

終齢幼虫

幼虫は、翅芽の大きさで終齢（次の脱皮で成虫になる）かどうかの判断が可能になります（多くの種では、翅芽の先端が第3-4腹節より後ろに達します）。終齢幼虫は、羽化が近づくと翅や複眼の形態などに変化が現れます。例えば、アオモンイトトンボでは5つのステージに分けることが可能で、ステージB以降は羽化までの日数が比較的そろいます。また、翅芽の膨張（ステージB）と翅芽表面の小黒斑の着色（ステージE）は、大半の種で確認できます。

成虫

トンボは不完全変態昆虫であり、蛹を介さずに終齢幼虫から成虫が羽化します。羽化後の幼虫の抜け殻は羽化殻と呼ばれます。羽化した成虫は、生殖器官が発達するまで数日から数か月を要し、性成熟に伴

アオモンイトトンボの交尾
（二橋 亮・写真）

シャーレ内で産卵するアオモンイトトンボ♀（奥出絋太：写真）

って顕著な体色変化が見られる種も多く知られています。成熟したオスは、尾部付属器でメスの頭や前胸を挟んで連結し、メスの腹端をオスの副性器に結合させて交尾します。交尾を終えたメスは、1回の産卵で数百個以上の卵を産むことができます。多くの種では、交尾後のメスから湿らせた紙などを用いて（植物などに卵を産む種）もしくは腹端を水につける方法で（直接水中に卵を産む種）、人為的に採卵できることが知られています。（二橋 亮）

アオモンイトトンボ（奥出絋太：写真）

卵　複眼　前幼虫　卵殻　1齢幼虫

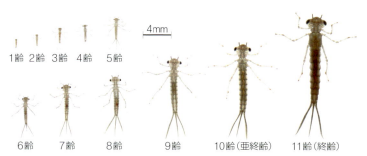

1齢　2齢　3齢　4齢　5齢　6齢　7齢　8齢　9齢　10齢（亜終齢）　11齢（終齢）

■ 部位の名称

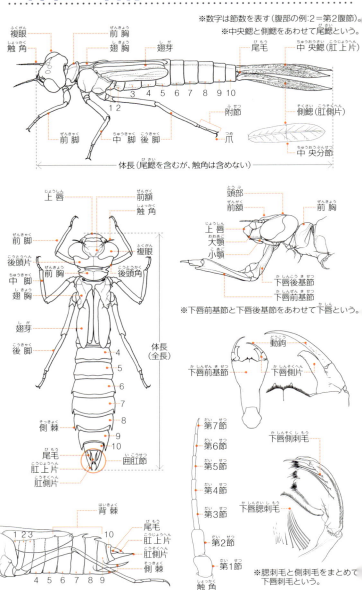

■ 用語の解説

- **囲肛節**（いこうせつ）：肛門を含む体の原始的な末端節で、肛上片および1対の肛側片からなる。
- **1年1世代**（いちねんいちせだい）：卵から成虫に至るまでに1年を要する場合、このようにいう。1年の内に2回の生活環（世代）をくり返す場合は「1年2世代」という。
- **下唇**（かしん）：口器の4つの部位のうち最後方のもの。ヤゴでは折りたたみ式となる。
- **汽水域**（きすいいき）：河口域や海と通じた湖の水系で、海水と淡水とが混合した状態にあるエリア。汽水とは、塩分がおよそ0.2‰～30（時に17）‰とされる場合をいう。
- **高層湿原**（こうそうしつげん）：低温、過湿、貧栄養、強酸性などの条件下で、地下水の供給を受けず、降水のみが地下に浸透して形成される湿原。
- **翅芽**（しが）：成長の途中から胸部の背面に現れる翅の原基。
- **止水域**（しすいいき）：河川の流水に対し、湖沼のようなたまっている水域。
- **湿性植物**（しっせいしょくぶつ）：地下水位が高く、湿地となった場所に生育する植物。カヤツリグサ科やイグサ科が多い。
- **若齢**（じゃくれい）・**中齢**（ちゅうれい）・**亜終齢**（あしゅうれい）・**終齢**（しゅうれい）：脱皮回数が多いトンボ目では、便宜的に成長の若い齢を若齢、中程の齢を中齢、最後から2番目を亜終齢、最後の齢を終齢と称する。
- **遷移**（せんい）：植物群落など、ある生物共同体が他の共同体へ移り変わる過程。
- **大湖**（たいこ）：広大な面積をもつ湖。
- **池塘**（ちとう）：高層湿原の形成過程で生じた、泥炭層の間隙が、地表からの浸透水で満たされた部分。
- **抽水植物**（ちゅうすいしょくぶつ）：湖沼沿岸の辺縁部に生息する、体の一部が水中にあり、一部は水面上に出ている植物。ヨシ、ガマ、マコモなど。
- **直腸鰓**（ちょくちょうさい）：消化管の後方に位置する直腸の内壁が複雑な襞状となり、多数の気管分枝が入り込み、腸内に取り入れた水から直に酸素を取り込む呼吸器官。
- **沈水植物**（ちんすいしょくぶつ）：湖沼や河川などの底部に生育する植物で、植物体を水面に現さないもの。
- **尾鰓**（びさい）：均翅亜目の腹部先端に生える3片の鰓で、それぞれ囲肛節の延長構造物。
- **浮葉植物**（ふようしょくぶつ）：やや浅い水中で、水底から生じているが、葉が水面に浮かび漂うもの。水中葉を伴うものもある。
- **放棄水田**（ほうきすいでん）：耕作が行われなくなった水田。
- **幼虫越冬**（ようちゅうえっとう）：生活環の内、冬期を幼虫で過ごす場合を幼虫越冬、卵で過ごす場合を卵越冬という。
- **流水域**（りゅうすいいき）：湖沼などの止水に対し、河川など水の流れのある水域。
- **ワンド**：河川敷に生じた池沼状の入り江で、本流から離れたたまりを含む。しばしばよどみとなり、止水性の種が侵入することが多い。

科までたどれるヤゴの検索表

	トンボ以外	アオイトトンボ科	カワトンボ科	モノサシトンボ科	イトトンボ科	ムカシトンボ科
生息環境	河川、池沼、湿地、水田	河川、池沼、湿地、水田、プール	河川	河川、池沼、湿地、水田	河川、池沼、湿地、水田、プール	河川（渓流）
下唇がのびる	×	○	○	○	○	○
腹部先端の尾鰓	ないか、あっても糸状	丸みがある葉状（時々欠ける）	細長く剣状（時々欠ける）	葉状で先端は糸状（時々欠ける）	柳葉状（時々欠ける）	なし
体形		細く複眼が大きい	尾鰓は腹長より短い	尾鰓は長く、腹長の半分以上	尾鰓は腹長より短い	腹側は平滑で背側は膨らむ
触角と頭部の形		複眼が大きく頭部側面に半球状に突出する	触角第1節が長い	複眼の後ろがくびれる	複眼の後ろがややくびれる	触角は極端に短く頭部は丸みがある
その他	カゲロウやカワゲラの幼虫が糸状の尾鰓を持つ		すべての種が流水域に生息する	とらえると体をU字形にして硬直する		水中の石にへばりつく。腹部に発音ヤスリがある

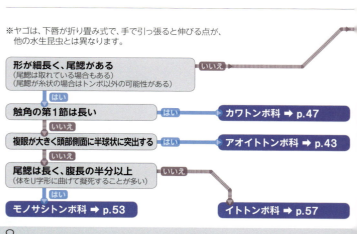

※ヤゴは、下唇が折り畳み式で、手で引っ張ると伸びる点が、他の水生昆虫とは異なります。

形が細長く、尾鰓がある
（尾鰓は取れている場合もある）
（尾鰓が糸状の場合はトンボ以外の可能性がある）
── いいえ
── はい →

触角の第1節は長い ── はい → **カワトンボ科 ➡ p.47**
── いいえ

複眼が大きく頭部側面に半球状に突出する ── はい → **アオイトトンボ科 ➡ p.43**
── いいえ

尾鰓は長く、腹長の半分以上
（体をU字形に曲げて擬死することが多い）
── いいえ → **イトトンボ科 ➡ p.57**
── はい

モノサシトンボ科 ➡ p.53

※ヤゴは、体が細く腹端に尾鰓があるグループ(均翅亜目)と、体が太く腹端に付属器(肛上片、肛側片)のあるグループ(不均翅亜目)に大別できます。均翅亜目は、本書ではアオイトトンボ科、カワトンボ科、モノサシトンボ科、イトトンボ科が該当します。

■ 科までたどれるヤゴの検索表

ヤンマ科	サナエトンボ科	ムカシヤンマ科	オニヤンマ科	エゾトンボ科	ヤマトンボ科	トンボ科
河川、池沼、湿地、水田、プール	河川、池沼、湿地	湿地(湿った斜面など)	河川、池沼、湿地、水田	河川、池沼、湿地	河川、池沼	河川、池沼、湿地、水田、プール
○	○	○	○	○	○	○
なし	なし	なし	なし	なし	なし	なし
細長く、紡錘形	平たい	毛深い。表皮がゴツゴツして硬い	円筒状で先端ですぼまる	やや厚みがあり脚が長い	平たく脚が非常に長い	やや厚みがある
触角は細く頭部は丸みがある	触角が太く頭部は丸みがある	触角が太く頭部は長方形状	触角が細く頭部は長方形状	触角が細く頭部は五角形状	触角が細く頭部は長方形状	触角が細く頭部の形は多様
終齢幼虫は大きい	触角の形が属ごとに異なる	湿地に穴を掘って生活する。翅芽は開かない	左右アゴの境界はギザギザ。終齢幼虫は大きい。翅芽は開く	左右アゴの境界はややギザギザ	左右アゴの境界はギザギザ	左右アゴの境界のギザギザは目立たない

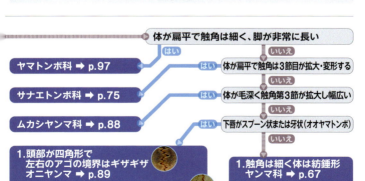

体が扁平で触角は細く、脚が非常に長い
- はい → **ヤマトンボ科 ➡ p.97**
- いいえ → 体が扁平で触角は3節目が拡大・変形する
  - はい → **サナエトンボ科 ➡ p.75**
  - いいえ → 体が毛深く触角第3節が拡大し幅広い
    - はい → **ムカシヤンマ科 ➡ p.88**
    - いいえ → 下唇がスプーン状または牙状(オオヤマトンボ)
      - はい →
        1. 頭部が四角形で左右のアゴの境界はギザギザ オニヤンマ ➡ p.89
        2. 左右のアゴの境界のギザギザが目立つ エゾトンボ科 ➡ p.91
        3. 境界のギザギザは目立たない トンボ科 ➡ p.101
      - いいえ →
        1. 触角は細く体は紡錘形 ヤンマ科 ➡ p.67
        2. 触角は極端に短く腹部に発音ヤスリがある(渓流にすむ) ムカシトンボ ➡ p.66

■ 終齢幼虫の実物大一覧

アオイトトンボ科

オツネントンボ (p. 44)

分 北海道、本州、四国、九州

（22-28 mm・尾鰓なし14-18 mm）

ホソミオツネントンボ (p. 44)

分 （北海道）、本州、四国、九州

（17-24 mm・尾鰓なし11-15 mm）

アオイトトンボ (p. 45)

分 北海道、本州、四国、九州

（24-30 mm・尾鰓なし17-20 mm）

オオアオイトトンボ (p. 45)

分 北海道、本州、四国、九州

（26-31 mm・尾鰓なし17-21 mm）

コバネアオイトトンボ (p. 45)

（25-29 mm・尾鰓なし17-19 mm）

分 本州、四国、九州（いずれも局所的）

カワトンボ科

ニホンカワトンボ (p. 48)

（21-32 mm・尾鰓なし16-25 mm）

分 北海道、本州、四国、九州（日本固有種）

アサヒナカワトンボ (p. 48)

（21-30 mm・尾鰓なし16-21 mm）

分 本州、四国、九州（日本固有種）

アサヒナカワトンボ伊豆個体群 (p. 48)

（21-30 mm・尾鰓なし16-21 mm）

分 本州（伊豆半島・神奈川県・山梨県の一部）

終齢幼虫の実物大一覧

ハグロトンボ
(p. 49)

(34–48 mm・
尾鰓なし20–28 mm) 分 本州、四国、九州

アオハダトンボ 分 本州、四国、九州
(p. 49)

(35–45 mm・
尾鰓なし21–25 mm)

ミヤマカワトンボ
(p. 49)

(46–62 mm・
尾鰓なし29–40 mm)

分 北海道、本州、四国、九州（日本固有種）

モノサシトンボ科

グンバイトンボ
(p. 54)

(16–21 mm・
尾鰓なし11–14 mm)

分 本州、四国、九州

アマゴイルリトンボ
(p. 54)

(16–20 mm・
尾鰓なし9–12 mm)

分 本州（青森県・山形県・新潟県・福島県・長野県）（日本固有種）

モノサシトンボ
(p. 55)

(24–29 mm・
尾鰓なし12–15 mm)

分 北海道、本州、四国、九州

オオモノサシトンボ
(p. 55)

(27–32 mm・
尾鰓なし15–17 mm)

分 本州（新潟県、宮城県、関東地方に局所的）

イトトンボ科

カラカネイトトンボ (p. 58)
(11–15 mm・尾鰓なし9–11 mm)
分 北海道、本州(栃木県以北)

ルリイトトンボ (p. 58)
分 北海道、本州(福井県以東)
(20–27 mm・尾鰓なし13–18 mm)

エゾイトトンボ (p. 59)
(17–22 mm・尾鰓なし12–14 mm)
分 北海道、本州(福井県以東)

オゼイトトンボ (p. 59)
(15–19 mm・尾鰓なし11–13 mm)
分 北海道、本州(長野県以東)(日本固有種)

マンシュウイトトンボ (p. 59)
(16–24 mm・尾鰓なし11–16 mm)
分 北海道、本州(青森県)

キイトトンボ (p. 60)
(15–21 mm・尾鰓なし11–15 mm)
分 本州、四国、九州

ベニイトトンボ (p. 60)
(16–20 mm・尾鰓なし13–15 mm)
分 本州、四国、九州

リュウキュウベニイトトンボ (p. 60)
(15–21 mm・尾鰓なし11–15 mm)
分 (本州・四国)九州、南西諸島

クロイトトンボ (p. 62)
(17–23 mm・尾鰓なし12–17 mm)
分 北海道、本州、四国、九州

オオイトトンボ (p. 62)
(19–23 mm・尾鰓なし14–16 mm)
分 北海道、本州、四国、九州

セスジイトトンボ (p. 62)
(19–23 mm・尾鰓なし15–18 mm)
分 北海道、本州、四国、九州

ムスジイトトンボ (p. 63)
(17–23 mm・尾鰓なし12–16 mm)
分 本州、四国、九州、南西諸島

オオセスジイトトンボ (p. 63)
分 本州(東北地方、新潟県、関東地方に局所的)
(25–31 mm・尾鰓なし17–21 mm)

モートンイトトンボ (p. 64)
(13–18 mm・尾鰓なし9–14 mm)
分 (北海道)、本州、四国、九州

ヒヌマイトトンボ (p. 64)
(12–18 mm・尾鰓なし9–11 mm)
分 本州、九州(いずれも局所的)

コフキヒメイトトンボ (p. 64)
(11–15 mm・尾鰓なし7–10 mm)
分 (本州)、四国、九州、南西諸島

ホソミイトトンボ (p. 65)
(14–18 mm・尾鰓なし9–12 mm)
分 本州、四国、九州

アオモンイトトンボ (p. 65)
(18–23 mm・尾鰓なし12–18 mm)
分 本州、四国、九州、小笠原諸島、南西諸島

アジアイトトンボ (p. 65)
(15–22 mm・尾鰓なし11–15 mm)
分 北海道、本州、四国、九州、南西諸島

ムカシトンボ科　　ヤンマ科

ムカシトンボ
(p. 66)

(17-23 mm)

分 北海道、本州、四国、九州（日本固有種）

サラサヤンマ
(p. 68)

(25-32 mm)

分 北海道、本州、四国、九州

コシボソヤンマ (p. 68)

(37-45mm)

分 北海道、本州、四国、九州

ミルンヤンマ
(p. 69)

(30-35 mm)

分 北海道、本州、四国、九州、南西諸島（奄美以北）（日本固有種）

アオヤンマ
(p. 69)

(40-45 mm)

分 北海道、本州、四国、九州

ネアカヨシヤンマ
(p. 69)

(35-45 mm)

分 本州、四国、九州

カトリヤンマ
p. 70)

27-38 mm)

分 (北海道)、本州、四国、九州、南西諸島

ヤブヤンマ
(p. 70)

(38-48 mm)

分 本州、四国、九州、南西諸島

マルタンヤンマ
(p. 70)

(34-41 mm)

分 本州、四国、九州、南西諸島（奄美以北）

終齢幼虫の実物大一覧

ヤンマ科

マダラヤンマ
(p. 71)
(33–37 mm)
分 北海道、本州
（福井県以東）

ルリボシヤンマ
(p. 71)
(36–48 mm)
分 北海道、本州、四国

オオルリボシヤンマ
(p. 71)
(37–48 mm)
分 北海道、本州、四国、九州

ギンヤンマ
(p. 73)
(44–55 mm)
分 北海道、本州、四国、九州、小笠原諸島、南西諸島

クロスジギンヤンマ
(p. 73)
(43–51 mm)
分 北海道、本州、四国、九州、南西諸島（奄美以北）

オオギンヤンマ
(p. 73)
(50–55 mm)
分 (北海道、本州、四国、九州)、小笠原諸島、南西諸島

サナエトンボ科

コオニヤンマ
(p. 76) (34–40 mm)
🔰 北海道、本州、四国、九州

ウチワヤンマ
(p. 76) (38–44 mm)
🔰 本州、四国、九州

タイワンウチワヤンマ
(p. 76)
(25–30 mm)
🔰 本州、四国、九州、南西諸島

オナガサナエ
(p. 77)
(26–31 mm)
🔰 本州、四国、九州(日本固有種)

アオサナエ
(p. 77)
(28–32 mm)
🔰 本州、四国、九州(日本固有種)

クロサナエ
(p. 78)
(18–22 mm)
🔰 本州、四国、九州(日本固有種)

ダビドサナエ
(p. 78)
(18–22 mm)
🔰 本州、四国、九州(日本固有種)

モイワサナエ
(p. 78)
(17–22 mm)
🔰 北海道、本州(日本固有種)

ヒメクロサナエ
(p. 79)
(18–22 mm)
🔰 本州、四国、九州(日本固有種)

ヒメサナエ
(p. 79)
(15–19 mm)
🔰 本州、四国、九州(日本固有種)

オジロサナエ
(p. 79)
(16–19 mm)
🔰 本州、四国、九州(日本固有種)

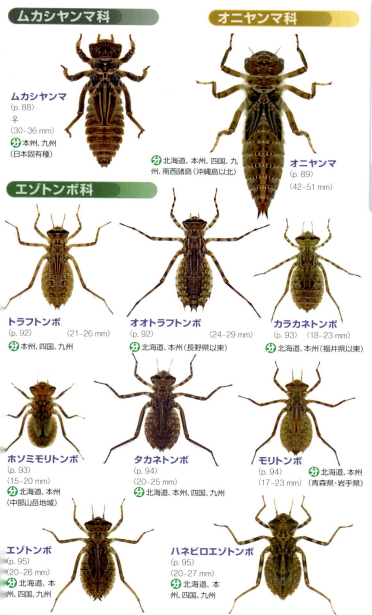

ヤマトンボ科

オオヤマトンボ
(p. 98)
(34–43 mm)

分 北海道、本州、四国、九州

コヤマトンボ
(p. 98)
(24–30 mm)

分 北海道、本州、四国、九州

キイロヤマトンボ
(p. 98)
(26–30 mm)

分 本州、四国、九州

トンボ科

ナツアカネ
(p. 102)
(15–18 mm)
分 北海道、本州、四国、九州、南西諸島（奄美以北）

マダラナニワトンボ
(p. 102)
(15–17 mm)
分 本州（局所的）(日本固有種)

ナニワトンボ
(p. 102)
(15–17 mm)
分 本州、四国（いずれも瀬戸内海周辺）(日本固有種)

リスアカネ
(p. 103)
(13–20 mm)
分 北海道、本州、四国、九州

ノシメトンボ
(p. 103)
(15–20 mm)
分 北海道、本州、四国、九州

ネキトンボ
(p. 103)
(17–21 mm)
分 本州、四国、九州

キトンボ
(p. 104)
(17–21 mm)
分 北海道、本州、四国、九州

オオキトンボ
(p. 104)
(21mm)
分 北海道、本州、四国、九州

ミヤマアカネ
(p. 104)
(12–17 mm)
分 北海道、本州、四国、九州

マユタテアカネ
(p. 105)
(13–17 mm)
分 北海道、本州、四国、九州

ヒメアカネ
(p. 105)
(11–14 mm)
分 北海道、本州、四国、九州

マイコアカネ
(p. 105)
(12–16 mm)
分 北海道、本州、四国、九州

終齢幼虫の実物大一覧

トンボ科

タイリクアカネ
(p. 106)
(16-21 mm)
分 北海道、本州(関東地方〜愛知県を除く)、四国、九州(屋久島を含む)

コノシメトンボ
(p. 106)
(14-22 mm)
分 北海道、本州、四国、九州

オナガアカネ
(p. 106)
(14-17 mm)
分 (北海道・本州・四国・九州・南西諸島)

アキアカネ
(p. 107)
(15-20 mm)
分 北海道、本州、四国、九州

タイリクアキアカネ
(p. 107)
(13-15 mm)
分 (北海道・本州・四国・九州・南西諸島)

ムツアカネ
(p. 107)
(12-14 mm)
分 北海道、本州(岐阜県以東)

スナアカネ
(p. 108)
(16-17 mm)
分 (北海道・本州・四国・九州・南西諸島)

カオジロトンボ
(p. 108)
(16-21 mm)
分 北海道、本州(福井県以東)

ショウジョウトンボ
(p. 108)
(18-23 mm)
分 北海道、本州、四国、九州、南西諸島

アオビタイトンボ
(p. 109)
(16-19 mm)
分 本州(山口県)、(四国)、九州

ベニトンボ
(p. 109)
(13-16 mm)
分 本州(紀伊半島)、四国、九州

ハッチョウトンボ
(p. 109)
(8-9 mm)
分 本州、四国、九州

チョウトンボ
(p. 111)
(13-16 mm)
分 (北海道)、本州、四国、九州

終齢幼虫の実物大一覧

コシアキトンボ
(p. 110)
(18–24 mm)
分 北海道、本州、四国、九州、南西諸島

コフキトンボ
(p. 110)
(20–23 mm)
分 本州、四国、九州、南西諸島

アメイロトンボ
(p. 110)
羽化殻(18–21 mm)
分 (本州・四国・九州)、南西諸島

ハネビロトンボ
(p. 111)
(23–28 mm)
分 (本州)、四国、九州、南西諸島

ウスバキトンボ
(p. 111)
(22–27 mm)
分 北海道、本州、四国、九州、小笠原諸島、南西諸島

オオシオカラトンボ
(p. 112)
(18–24 mm)
分 北海道、本州、四国、九州、南西諸島

ミヤジマトンボ
(p. 115)
(16mm)
分 広島県宮島(厳島)

シオカラトンボ
(p. 112)
(18–25 mm)
分 北海道、本州、四国、九州、南西諸島

シオヤトンボ
(p. 112)
(15–20 mm)
分 北海道、本州、四国、九州(日本固有種)

ハラビロトンボ
(p. 113)
(14–18 mm)
分 北海道、本州、四国、九州

ヨツボシトンボ
(p. 113)
(18–25 mm)
分 北海道、本州、四国、九州

ベッコウトンボ
(p. 113)
(17–23 mm)
分 本州、四国、九州(いずれも局所的)

■ プールで見られるヤゴ

シオカラトンボ。市街地で見られる代表的なトンボ。幼虫は頭部が四角く、腹部に背棘がないのが特徴

ウスバキトンボ。初夏から秋にかけて市街地でもよく見られる橙色のトンボ。幼虫は複眼が頭部の側方にあって、腹部後半にあるトゲが長いのが特徴

コノシメトンボ。アカトンボの1種で、成虫は翅の先端に黒い模様がある。アカトンボの仲間の幼虫は、複眼が目立ち、池や水田の底を這う姿がよく見られる

　近年、「プールのヤゴ救出作戦」が全国の小学校で実施されています。夏が終わって次の年までプールが使われない間に、数種類のトンボが卵を産んで、プールの中でたくさんのヤゴが見られるようになるのです。プール開きの前に、ヤゴを救出して育てることが小学生の理科教育に適していると着目されていますが、そもそもプールには、どんな種類のヤゴがいるのでしょうか。ヤゴを飼育する際には、どんな工夫がいるのでしょうか。

　プールで見つかる代表的なトンボとしては、シオカラトンボ、ウスバキトンボ、ショウジョウトンボ、そしてアカトンボの仲間が挙げられます。これらのトンボは、プールが使われなくなった夏以降に、水面に直接卵を産むという特徴があります。市街地で成虫をよく見かけるアカトンボといえばアキアカネですが、プールで見つかるアカトンボのヤゴは、コノシメトンボやタイリクアカネが多いことが知ら

■プールで見られるヤゴ

タイリクアカネ。
北日本と西日本で見られ、関東地方や本州中部地方には分布しない。成虫は海岸沿いの開けた水辺で見られることが多いが、幼虫はプールでもよく発見される

アオモンイトトンボ。
イトトンボの幼虫は、腹部の先端に3枚の尾鰓を持つ。尾鰓は水中から酸素を取り込むために補助的に使われており、なくなっても生存できる

れています。小学校の中には、プールのヤゴ救出作戦に向けて、プールに水草を入れるところもあるようです。これは水面ではなく水草に卵を産むトンボがいるためです。代表的な種としては、ギンヤンマやアオモンイトトンボが挙げられますが、水面に卵を産む種とは、形がかなり異なっています。
(二橋 亮)

ギンヤンマ。
ヤンマやイトトンボの仲間は、成虫が植物に卵を産むため、水草があればプールで発生することもある。ヤンマの幼虫は独特の体形で、小さい幼虫には白黒の分断模様が現れることも多い

ヤゴの飼育

　ヤゴは、虫かごや小さなカップなどに水を入れて飼育し、共食いを避けるために、なるべく小分けにします。水深は5～10 cmほどあれば十分で、乾燥しないように注意すれば、深くする必要はありません。羽化が近くなった個体は空気呼吸に切り替わるので、水深を浅くして、木の枝やメッシュなどで部分的に陸に上がれるようにします。また、砂や泥にもぐる種類もいるので、可能であれば採集した場所の砂泥をケースの底に敷くといいでしょう。もぐらずに歩きまわる幼虫には、水草などの足場を与えます。エサは、孵化したばかりの小さい幼虫には、ミジンコやブラインシュリンプ、やや大きくなった幼虫には市販のイトミミズやアカムシ（水深を浅くして、冷蔵すると比較的長く保管できる）などを、食べ残しがないか様子を見ながら少しずつ与えます（一度に多く与えると水が汚れることがあります）。基本的に生きたエサが必要ですが、ヤンマ科やトンボ科は、冷凍アカムシでも目の前で動かすと捕食します。(二橋 亮)

■ 成虫一覧

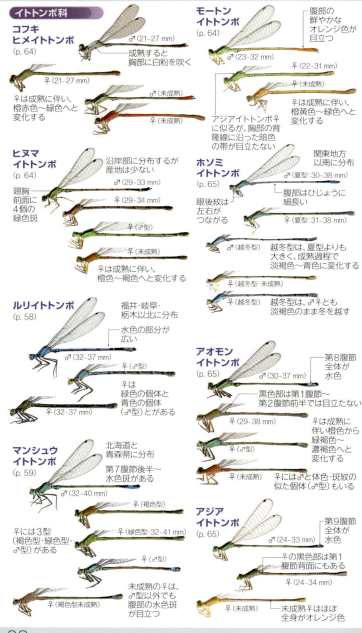

サナエトンボ科

ウチワヤンマ (p. 76)

♂♀とも うちわ状の 突起は大きく、 黄斑がある

♂ (77-87 mm)

♀ (70-84 mm)

腿節に 黄斑がある

タイワンウチワヤンマ (p. 76) 関東地方以南に分布

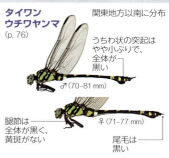

うちわ状の突起は やや小ぶりで、 全体が 黒い

♂ (70-81 mm)

腿節は 全体が黒く、 黄斑がない

♀ (71-77 mm)

尾毛は 黒い

コオニヤンマ (p. 76)

頭部が 小さい

♂ (81-93 mm)

後脚の 腿節が 長い

♀ (75-90 mm)

オナガサナエ (p. 77)

付属器は上下とも 黒くて長大 (p. 275)

♂ (58-66 mm)

第7-9腹節は とりわけ♂で 幅広い

♀ (55-62 mm)

尾毛は 白い

アオサナエ (p. 77)

成熟個体は、 胸部～腹部前半の 斑紋が緑色

第8・9腹節は 幅広い

♂ (58-63 mm)

上付属器は 黄白色

♀ (57-65 mm)

尾毛は 黄白色

ヒメサナエ (p. 79)

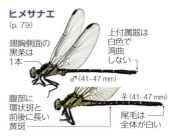

翅胸側面の 黒条は 1本

上付属器は 白色で 湾曲 しない

♂ (41-47 mm)

♀ (41-47 mm)

腹部に 環状斑と 前後に長い 黄斑

尾毛は 全体が白い

●サナエトンボ科の翅胸前面の模様（小型の種）

　小型のサナエトンボは、まぎらわしい種が多いため、翅胸前面の斑紋は、種の同定の際に重要な手がかりとなる。なお、クロサナエ、ダビドサナエ、モイワサナエでは、前後に細長い黄条が胸部前縁にわずかに達する個体もいる。

前後に細長い黄条は逆「L」字形

タベサナエ, オグマサナエ, コサナエ, フタスジサナエ

中央に「T」字形の黄斑がある

尾部付属器が黒い　ヒメクロサナエ

尾部付属器が白い　ヒメサナエ

前後に細長い黄条は逆「ハ」の字形

尾部付属器が黒い　クロサナエ, ダビドサナエ, モイワサナエ

尾部付属器が白い　オジロサナエ

成虫一覧

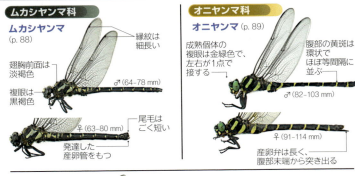

ムカシヤンマ科
ムカシヤンマ (p. 88)
- 翅胸前面は淡褐色
- 複眼は黒褐色
- 縁紋は細長い
- ♂ (64–78 mm)
- ♀ (63–80 mm)
- 尾毛はごく短い
- 発達した産卵管をもつ

オニヤンマ科
オニヤンマ (p. 89)
- 成熟個体の複眼は金緑色で、左右が1点で接する
- 腹部の黄斑は環状でほぼ等間隔に並ぶ
- ♂ (82–103 mm)
- ♀ (91–114 mm)
- 産卵弁は長く、腹部末端から突き出る

ヤマトンボ科

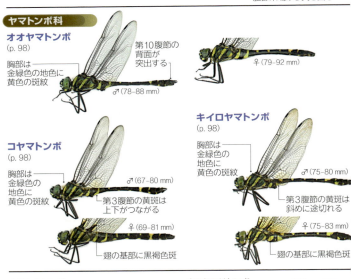

オオヤマトンボ (p. 98)
- 胸部は金緑色の地色に黄色の斑紋
- 第10腹節の背面が突出する
- ♂ (78–88 mm)
- ♀ (79–92 mm)

コヤマトンボ (p. 98)
- 胸部は金緑色の地色に黄色の斑紋
- 第3腹節の黄斑は上下がつながる
- ♂ (67–80 mm)
- ♀ (69–81 mm)
- 翅の基部に黒褐色斑

キイロヤマトンボ (p. 98)
- 胸部は金緑色の地色に黄色の斑紋
- 第3腹節の黄斑は斜めに途切れる
- ♂ (75–80 mm)
- ♀ (75–83 mm)
- 翅の基部に黒褐色斑

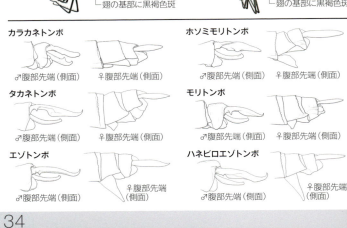

カラカネトンボ　♂腹部先端（側面）　♀腹部先端（側面）
ホソミモリトンボ　♂腹部先端（側面）　♀腹部先端（側面）
タカネトンボ　♂腹部先端（側面）　♀腹部先端（側面）
モリトンボ　♂腹部先端（側面）　♀腹部先端（側面）
エゾトンボ　♂腹部先端（側面）　♀腹部先端（側面）
ハネビロエゾトンボ　♂腹部先端（側面）　♀腹部先端（側面）

トンボ科

チョウトンボ (p. 111)
体には目立った斑紋がない
♂ (34–42 mm) ♀ (31–38 mm)
翅斑の上面は青紫色
翅斑の上面は金緑色または青紫色 (♂型)

カオジロトンボ (p. 108)
♂♀とも顔面が白い
腹部は大部分が黒い
♂ (32–39 mm)
第2・3腹節の斑紋は、成熟に伴い黄色〜赤色に変化する
♀ (31–38 mm)
第2・3腹節の斑紋は黄色い個体と赤い個体 (♂型) がいる

スナアカネ (p. 108)
南方からの飛来種
♂♀とも複眼の下方が青みをおびる
翅の基部に橙色斑
♂ (37–46 mm)
脚は外縁が黄色い
♀ (37–43 mm)
体色は明るい黄褐色

ナツアカネ (p. 102)
成熟♂は顔面と胸部も赤化する
翅胸側面の黒条は、先端がほぼ直角の形状になる
♂ (33–43 mm)
未成熟♂はアキアカネより橙色みが強い
♂ (未成熟)
♀ (35–42 mm)
♀は成熟すると腹部背面が赤化する個体が多い

マダラナニワトンボ (p. 102)
本州に局所的に分布するが現存産地は少ない
♂♀とも成熟個体は黒く、淡黄色の斑紋がある
♂ (35–40 mm)
♀は翅の基部に橙色斑がある
眉状斑がある
♀ (34–40 mm)

ナニワトンボ (p. 102)
瀬戸内海周辺に限って分布
成熟すると全身に青灰色の粉を吹く
♂ (32–39 mm)
♂♀とも眉状斑がある
♀ (32–37 mm)

リスアカネ
(p. 103)

- 翅の先端に褐色斑がある
- 翅胸側面の黒条は上縁までのびない
- ♂ (34-46 mm)
- ♀ (31-42 mm)
- ♂♀とも眉状斑はない
- 腹部が淡褐色の個体が多いが、赤化する個体(♂型)もいる

ノシメトンボ
(p. 103)

- 翅の先端に褐色斑がある
- 顔面に眉斑がある個体とない個体とが混じる
- ♂ (37-51 mm)
- 腹部は暗い赤褐色で黒色部が発達する
- ♀ (39-52 mm)
- 翅胸側面の黒条は上縁まで届く
- ♂ (未成熟)

ムツアカネ
(p. 107)

- 成熟♂は顔面も黒い
- ♂ (29-38 mm)
- ♂は成熟にともない黒化し、斑紋が縮小する
- 顔面に眉状斑が発達する
- ♀ (26-36 mm)
- 産卵弁が突き出る

アキアカネ
(p. 107)

- ♂は成熟しても頭部・胸部は赤くならない
- 成熟♂の腹部は橙赤色
- ♂ (32-46 mm)
- 未成熟♂はナツアカネより黄色みが強い
- ♂ (未成熟)
- ♀ (33-45 mm)
- 翅胸側面の黒条の先端は尖る
- 腹部が淡褐色の個体と、背面が赤くなる個体とがいる

タイリクアキアカネ
(p. 107)

- 縁紋は褐色
- 顔面は黄白色
- ♂ (29-40 mm)
- 翅胸側面の黒条はごく細い
- ♀ (27-40 mm)

タイリクアカネ
(p. 106)

- 翅は広く橙色みをおびる
- 翅胸側面の黒条は細く短い
- ♂ (41-49 mm)
- 腹部背面が赤化する個体が多い
- ♀ (39-49 mm)
- 未成熟個体は翅の橙色みが強い
- ♂ (未成熟)

オナガアカネ
(p. 106)

大陸からの飛来種で日本海側を中心に発見される

翅胸前面は一様に淡褐色
顔面は白い

♂ (29-41 mm)

第7腹節の下縁が下方に張り出す

腹部は黄褐色の個体が多いが、赤化する個体（♂型）もいる

♀ (29-42 mm)

産卵弁はひじょうに長く、後方へ突出する

ネキトンボ
(p. 103)

翅胸側面に2本の太い黒条

♂は成熟すると頭部・胸部も赤化する

翅の基部は広く橙色

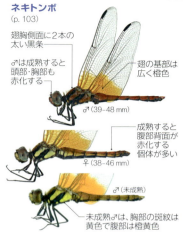

♂ (39-48 mm)

♀ (38-46 mm)

成熟すると腹部背面が赤化する個体が多い

♂ (未成熟)

未成熟♂は、胸部の斑紋は黄色で腹部は橙黄色

キトンボ
(p. 104)

翅の前縁と基部よりも広く橙色

成熟♂は腹部背面が赤化する

♂ (37-47 mm)

♀ (37-47 mm)

産卵弁が大きい

オオキトンボ
(p. 104)

翅全体が淡橙色

現存産地はひじょうに少ない

♂♀とも体に目立った斑紋はない

♂ (44-51 mm)

ショウジョウトンボ未成熟個体と似るが、腹部が扁平にならず、前胸に毛が生える

♀ (46-52 mm)

●アカトンボの仲間（トンボ科アカネ属）の翅胸側面斑紋

ナツアカネ

翅胸第1側縫線に沿う黒条は、上部が直角に断ち切れる

アキアカネ

翅胸第1側縫線に沿う黒条は先端がとがる（太さは変異に富む）

タイリクアカネ

翅胸第1側縫線に沿う黒条は細く小さい個体が多い

ヒメアカネ

翅胸第1側縫線に沿う黒条は細く小さい

マユタテアカネ

翅胸第1側縫線に沿う黒条は細く小さい

マイコアカネ

翅胸第1側縫線に沿う黒条と肩縫線の間に短い黒条のある個体が多い

スナアカネ

成熟♂は白っぽい部分が目立つ

コノシメトンボ

翅胸第1側縫線に沿う黒条は上方で翅胸第2側縫線に沿う黒条につながる個体が多い

ノシメトンボ

翅胸第1側縫線に沿う黒条は、太いままで上まで届く

リスアカネ

翅胸第1側縫線に沿う黒条は、上まで届かないものが多い（届く場合も上部では細くなる）

アオイトトンボ科

止水域(池沼・水田・湿地など)や、ゆるやかな流水域に生息する。体は細長い円柱状で、腹端には柳葉状の尾鰓を3枚そなえる。中齢以降は、第9腹節に♂では1対の原生殖器が形成され、♀では原産卵管が発達することで雌雄の区別ができる。日本には3属7種(未掲載の1種は北海道、1種は小笠原)が分布する。

識別のポイント

- モノサシトンボ科、イトトンボ科と比べて脚が細長く、複眼が丸くて大きい。
- アオイトトンボ科は、下唇前基節の形状で種を区別。
- コバネアオイトトンボは、腹部側稜に褐色斑がある。
- アオイトトンボとオオアオイトトンボは、下唇前基節と尾鰓先端、メス産卵管の形で区別する。

■ 雌雄の見分け方

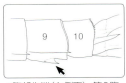
♂腹部先端(左側面)。第9腹節に突起(1対)がある

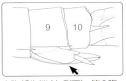
♀腹部先端(左側面)。第9腹節に原産卵管がある

♂腹部先端(腹面)。第9腹節に突起(1対)がある

♀腹部先端(腹面)。第9腹節に原産卵管がある

ホソミオツネントンボに似るが、より大型

尾鰓は太短く、先端が丸い

終齢幼虫
(22-28 mm・尾鰓なし14-18 mm)

下唇前基節は幅広く短い
(後脚前縁に届く程度)

♀原産卵管

オツネントンボ
Sympecma paedisca (Brauer, 1877)

分 北海道、本州、四国、九州、朝鮮半島、中国、ロシア、ヨーロッパ。環 平地〜山地の、抽水植物が繁茂する池沼。生 1年1世代。成虫越冬。

尾鰓はオツネントンボより細めで、先端が丸い

終齢幼虫
(17-24 mm・尾鰓なし11-15 mm)

下唇前基節はやや細く短い
(後脚前縁に届く程度)

♀原産卵管

ホソミオツネントンボ
Indolestes peregrinus (Ris, 1916)

分 (北海道)、本州、四国、九州、朝鮮半島、中国。環 平地〜山地の、抽水植物が繁茂する池沼、湿地、水田など。生 1年1世代。成虫越冬。

オオアオイトンボに似るが、下唇前基節がより細い

終齢幼虫
(24-30 mm・尾鰓なし17-20 mm)

♀原産卵管

尾鰓の先端は丸みがある

アオイトトンボ
Lestes sponsa (Hansemann, 1823)

分 北海道、本州、四国、九州、朝鮮半島、中国、ロシア、ヨーロッパ。環 平地〜高山の、抽水植物が繁茂する池沼や湿地、池塘。生 1年1世代。卵越冬。

中齢幼虫 (18.7 mm)
亜終齢幼虫 (24 mm)
尾鰓の先端はやや尖る
♀原産卵管

下唇前基節がアオイトトンボよりやや太く、コバネアオイトトンボより細い

終齢幼虫
(26-31 mm・尾鰓なし17-21 mm)

オオアオイトトンボ
Lestes temporalis Selys, 1883

分 北海道、本州、四国、九州、朝鮮半島、ロシア（極東）。環 平地〜山地の、樹林に近い池沼や湿地など。生 1年1世代。卵越冬。

♀原産卵管
尾鰓の先端は丸みがあり、不鮮明な斑紋がある
腹部の側稜には褐色斑がある

下唇前基節がアオイトトンボ、オオアオイトトンボより太く短め

終齢幼虫
(25-29 mm・尾鰓なし17-19 mm)

コバネアオイトトンボ
Lestes japonicus Selys, 1883

分 本州、四国、九州（いずれも局所的）、朝鮮半島、中国、ロシア（極東）。環 平地〜丘陵地の、抽水植物が繁茂し開放的な池沼など。生 1年1世代。卵越冬。

■ アオイトトンボ科終齢幼虫の下唇

オツネントンボ

下唇前基節は短く、側縁はなだらかに後方へ狭まる

ホソミオツネントンボ

下唇前基節は短く、側縁は前半で急激に狭まり杓子状となる

アオイトトンボ

下唇前基節は細長く、中央部はオオアオイトトンボより細く長い

オオアオイトトンボ

下唇前基節は細長いが、中央部はアオイトトンボより太い

コバネアオイトトンボ

後方へ伸びた下唇前基節は、アオイトトンボ、オオアオイトトンボより太く短い

■ アオイトトンボ科終齢幼虫の産卵管

オツネントンボ

原産卵管は、第10腹節の後縁を超えない

ホソミオツネントンボ
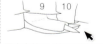
原産卵管は、第10腹節の後縁を超える

アオイトトンボ
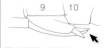
原産卵管は湾曲し、その先端は第10腹節の後縁に届く程度

オオアオイトトンボ
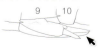
原産卵管の湾曲は弱く、その先端は第10腹節の後縁を大きく超える

コバネアオイトトンボ

原産卵管は湾曲し、第10腹節の後縁に届くか少し超える

カワトンボ科

流水域(河川源〜下流)に生息する。体は細長く、腹端には葉状または長大な剣状の尾鰓を3枚そなえる。中齢以降は、第9腹節に♂では原生殖器が形成され、♀では原産卵管が発達することで雌雄の区別ができる。日本には5属7種(未掲載の2種は南西諸島)が分布する。

識別のポイント

- ニホンカワトンボとアサヒナカワトンボは、体形がやや太く、尾鰓が腹長よりも短い。
- ニホンカワトンボとアサヒナカワトンボは、尾鰓先端の形状で区別する。
- ハグロトンボ、アオハダトンボ、ミヤマカワトンボの3種は、触角第1節と頭幅、触角第2節と第3節の相対長などで区別する。

■ 雌雄の見分け方

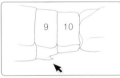

♂腹部先端(左側面)。第9腹節に突起(1対)がある

♀腹部先端(左側面)。第9腹節に原産卵管がある

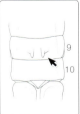
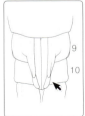

♂腹部先端(腹面)。第9腹節に突起(1対)がある

♀腹部先端(腹面)。第9腹節に原産卵管がある

側鰓の先端が角ばり、先端中央が突出する

終齢幼虫
(21–32 mm・
尾鰓なし16–25 mm)

ニホンカワトンボ
Mnais costalis Selys, 1869

分 北海道、本州、四国、九州（日本固有種）。環 平地〜丘陵地の、樹林に近く抽水、沈水植物が繁茂する清流。生 1〜2年1世代。幼虫越冬。

側鰓の先端は丸みがあり、ほとんど角ばらない

終齢幼虫
(21–30 mm・
尾鰓なし16–21 mm)

アサヒナカワトンボ
Mnais pruinosa Selys, 1853

分 本州、四国、九州（日本固有種）。環 丘陵地〜山地の、樹林に囲まれた渓流や河川上流域。ニホンカワトンボより閉鎖的な環境。生 1〜2年1世代。幼虫越冬。

先端は少し角ばるが、中央の突起は小さい

終齢幼虫
(21–30 mm・
尾鰓なし16–21 mm)

アサヒナカワトンボ 伊豆個体群
Mnais pruinosa : Izu population

分 本州（伊豆半島・神奈川県・山梨県の一部）。環 丘陵地から山地にかけての樹林に囲まれた渓流や細流。生 1〜2年1世代。幼虫越冬。伊豆個体群は、成虫、幼虫ともにニホンカワトンボとアサヒナカワトンボの中間的な特徴を持つ。

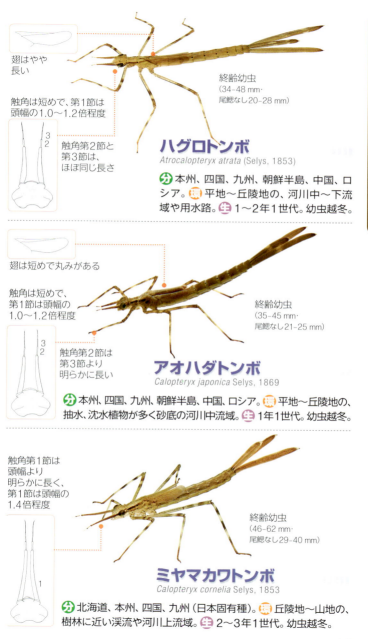

ハグロトンボ
Atrocalopteryx atrata (Selys, 1853)

翅はやや長い

触角は短めで、第1節は頭幅の1.0〜1.2倍程度

触角第2節と第3節は、ほぼ同じ長さ

終齢幼虫
(34-48 mm・尾鰓なし20-28 mm)

分 本州、四国、九州、朝鮮半島、中国、ロシア。**環** 平地〜丘陵地の、河川中〜下流域や用水路。**生** 1〜2年1世代。幼虫越冬。

アオハダトンボ
Calopteryx japonica Selys, 1869

翅は短めで丸みがある

触角は短めで、第1節は頭幅の1.0〜1.2倍程度

触角第2節は第3節より明らかに長い

終齢幼虫
(35-45 mm・尾鰓なし21-25 mm)

分 本州、四国、九州、朝鮮半島、中国、ロシア。**環** 平地〜丘陵地の、抽水、沈水植物が多く砂底の河川中流域。**生** 1年1世代。幼虫越冬。

ミヤマカワトンボ
Calopteryx cornelia Selys, 1853

触角第1節は頭幅より明らかに長く、第1節は頭幅の1.4倍程度

終齢幼虫
(46-62 mm・尾鰓なし29-40 mm)

分 北海道、本州、四国、九州(日本固有種)。**環** 丘陵地〜山地の、樹林に近い渓流や河川上流域。**生** 2〜3年1世代。幼虫越冬。

カワトンボ科

■ カワトンボ科中齢幼虫

アサヒナカワトンボ 伊豆個体群

中齢幼虫
(8.4 mm)

中齢幼虫
(17.2 mm)

ミヤマカワトンボ

中齢幼虫
(24 mm)

若齢でも、
体形はハグロトンボ、アオハダトンボ、
ミヤマカワトンボのように細長くなく、
頭部が大きい

終齢に比べて頭幅が狭い。
若齢でも、アオハダトンボ
やハグロトンボより触角
第1節の相対長が長め

ハグロトンボ

中齢幼虫
(21.3 mm)

中齢幼虫
(30 mm)

終齢に比べて頭幅が狭く、
複眼も小さい。
触角第1節の相対長が短めで、
ミヤマカワトンボとは
区別ができる

カワトンボ類の幼虫は、川岸近くで水中に垂れた植物の根、沈積物などにつかまって暮らしている(写真はミヤマカワトンボ)

■ カワトンボ科終齢幼虫の頭部

ハグロトンボ

触角は短めで、第1節は頭幅の1.0～1.2倍程度 触角第2節と第3節は、ほぼ同じ長さ

アオハダトンボ

触角は短めで、第1節は頭幅の1.0～1.2倍程度 触角第2節は第3節より明らかに長い

ミヤマカワトンボ
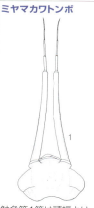
触角第1節は頭幅より明らかに長く、第1節は頭幅の1.4倍程度

■ カワトンボ科終齢幼虫の翅

ハグロトンボ
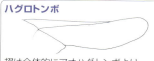
翅は全体的にアオハダトンボより細長い

アオハダトンボ
翅はハグロトンボより短く、先端の丸みが強い

ハグロトンボ♀

成虫での偽縁紋の部分に接した翅脈が湾曲しない

アオハダトンボ♀

成虫での偽縁紋の部分に接した翅脈が湾曲する

■ カワトンボ属終齢幼虫の尾鰓

ニホンカワトンボ

先端は角ばり、中央が突出する

アサヒナカワトンボ

先端は角ばらず丸みがあり、中央の突出部は小さい

アサヒナカワトンボ 伊豆個体群

2種の中間的な形で、中央の突出部は小さめ

コラム ヤゴの形態の不思議：どこがどのように生長、変化するのか？

　幼虫期の脱皮回数を比べると、チョウ目に多い5齢や、コウチュウ目に多い3齢に比べ、時には十数回も齢期を重ねる、ヤゴでの数の多さは際立っています。トンボ目を形態的に、また生態の上でも特色づけているのは、やはり翅でしょう。トンボ目は「外翅類」の1つで、成長過程の幼虫期に、翅の原基は体外へと生え、齢が進むごとに伸長していきます。

　しかし、その翅は孵化直後の若い齢期には生えておらず、成長の中ほどから現れ、脱皮ごとに段階的に生長します。また、節のある触角や脚（附節）も脱皮にともなってその節の数を増やしていきます。1齢幼虫はどの種でも、触角は3節、脚の附節は1節から始まりますが、節の増え方や数は、種あるいはグループによって、ある程度の法則性があるので、齢期を判定する際には目安となります。

　また、腹部の先端は、「囲肛節（肛上片＋肛側片）＋尾毛」と総称される節片からなり、時には、種の同定や性の判定にも使われます。これらのうち、尾毛だけは、翅と同様に成長途上から現れるので、その形状や長さとともに、やはり齢の判定に役立ちます。

　以上は、外見上も観察しやすい点ですが、他にも成長に伴って数が増えるものとして、複眼での個眼の数があります。多くのグループでは、7または10個からスタートしますが、ヤンマ科だけは例外的で、1齢の段階ですでに数百個の個眼からなる複眼をそなえ、若いうちから視覚に大きく頼っていることがうかがえます。

（川島逸郎）

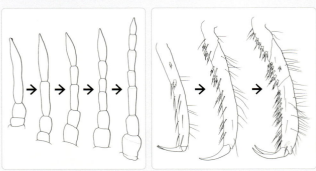

サラサヤンマの成長に伴う触角の増節（左）と、脚の附節の増節（右）

モノサシトンボ科

止水域（池沼など）や、ゆるやかな流水域に生息し、水中での動きが緩慢。体は細長く、頭部は五角形で腹端には葉状の尾鰓を3枚そなえる。中齢以降は、第9腹節に♂では原生殖器が形成され、♀では原産卵管が発達することで雌雄の区別ができる。日本には3属6種（未掲載の2種は南西諸島）が分布する。

識別のポイント

- アオイトトンボ科、イトトンボ科と比べて尾鰓が長く、外皮が硬い。
- グンバイトンボとアマゴイルリトンボは、尾鰓が腹長よりやや短く、これら2種は分布域で区別できる。
- モノサシトンボとオオモノサシトンボは、尾鰓が腹長とほぼ同長で、尾鰓先端が糸状に伸びる。これら2種は分布域や側棘の有無で区別する。

■ **雌雄の見分け方**

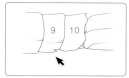 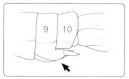

♂腹部先端（左側面）。第9腹節に突起（1対）がある　　♀腹部先端（左側面）。第9腹節に原産卵管がある

♂腹部先端（腹面）。第9腹節に突起（1対）がある　　♀腹部先端（腹面）。第9腹節に原産卵管がある

モノサシトンボ科

尾鰓は長大で幅広く、不鮮明な斑紋がある

後頭角には小突起はない

亜終齢幼虫 (14 mm)

尾鰓はモノサシトンボとは異なり先端が丸い

終齢幼虫 (16–21 mm・尾鰓なし11–14 mm)

刺激を受けると脚を縮め、U字形に体を曲げて硬直（擬死）する

グンバイトンボ
Platycnemis foliacea Selys, 1886

分 本州、四国、九州、中国。環 平地〜丘陵地の、樹林に近く抽水、沈水植物が豊かな湧水や河川中流域。生 1年1世代。幼虫越冬。

後頭角には疣状の小突起がある

尾鰓はやや長く柳葉状で、腹部の半分の長さを超える

終齢幼虫 (16–20 mm・尾鰓なし9–12 mm)

アマゴイルリトンボ
Platycnemis echigoana Asahina, 1955

分 本州（青森県・山形県・新潟県・福島県・長野県）。日本固有種。環 平地〜山地の、樹林に近く抽水植物が豊かな池沼や用水路など。生 1年1世代。幼虫越冬。

尾鰓は長大な柳葉状で、腹長とほぼ同じ長さ

第8・9腹節に小さな側棘のある個体が多い

終齢幼虫
(24-29 mm・尾鰓なし12-15 mm)

モノサシトンボ
Pseudocopera annulata (Selys, 1863)

分 北海道、本州、四国、九州、朝鮮半島、中国。環 平地〜丘陵地の、樹林に近い池沼や水たまり、ゆるやかな流れ。生 1年2世代。幼虫越冬。

尾鰓は長大な柳葉状で、腹長とほぼ同じ長さ

第8・9腹節に側棘はない

終齢幼虫
(27-32 mm・尾鰓なし15-17 mm)

オオモノサシトンボ
Pseudocopera tokyoensis (Asahina, 1948)

分 本州(新潟県、宮城県、関東地方に局所的)、朝鮮半島、中国、ロシア(極東)。環 平地〜丘陵地の、抽水植物が繁茂し解放的な河跡池沼など。生 1年1〜2世代。幼虫越冬。

コラム: ヤゴの「個性」と「学習」

　野外で、昆虫のくらしに密着していると、それがどのような種であれ、1匹ごとに性格が違っているのが見えてくるものです。私たちのような知能もなく、より下等（虫たちにとっては失礼ですが！）と思われる昆虫にも、「個性」と呼んでも差し支えないほどの違いがあるのは、とても興味深く思えます。それがより顕著な仲間の1つが、トンボでしょう。わかりやすいのは成虫ですが、ヤゴにも個体ごとの性格が見て取れます。

　私たちがヤゴを飼育をするときは、雌の成虫から採卵をした集団で育てることも多くあります。成長するに従って、共食いなどを避けるため、紙コップなどに1匹ずつ分けます。エサを与えるときは日々、1匹ずつ順繰りに与えますが、終齢になるころには、すっかり性格に差が出ています。すぐさま噛み付いて食べてくれる個体、どうにも気難しく中々食べてくれないので、やきもきさせられる個体。同じ親から生まれた兄弟姉妹で、同じように育ててきたはずなのに、面白いですね。

　日々、エサを与え続けてきたヤゴたちは、それぞれに現れる「個性」だけでなく、「学習」もします。毎回、こちらが同じ動作で給餌するせいか、それを重ねるほどに、こちらの動きをしっかりと記憶するようです。飼育している部屋の戸を開けるだけで、こちらに頭を向ける個体。エサを落とそうと上からのぞき込むだけで、顔を持ち上げ、ぐっとこちらをにらみつける個体。日々、このようなことが続くと、こちらもまた、すっかり愛着が深まってしまい、もはやペットを飼っているような心境になるのでした。

（川島逸郎）

エサを与えようとしたとき、こちらに頭を向けるカトリヤンマ幼虫

イトトンボ科

止水域（池沼・水田・湿地など）や、ゆるやかな流水域に生息する。体は細長く、頭部は五角形で腹端には葉状の細長い尾鰓を3枚そなえる。中齢以降は、第9腹節に♂は原生殖器が形成され、♀では原産卵管が発達することで雌雄の区別ができる。日本には11属27種（未掲載の3種は北海道、3種は南西諸島、2種は小笠原諸島）が分布。

識別のポイント

- 種の区別は、体形、腹部の側稜や尾鰓の形態、斑紋と生息環境、分布域などで総合的に判断する。
- モートンイトトンボは頭部後頭角が尖っており、ヒヌマイトトンボは尾鰓が非常に細く先端に斑紋があること、ホソミイトトンボは腹部腹側の斑紋が特徴。
- キイトトンボ、ベニイトトンボ、リュウキュウベニイトトンボの3種は体形がずんぐりとして、尾鰓も太短い。

■ 雌雄の見分け方

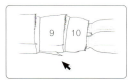

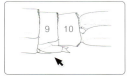

♂腹部先端（左側面）。第9腹節に突起（1対）がある

♀腹部先端（左側面）。第9腹節に原産卵管がある

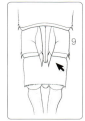

♂腹部先端（腹面）。第9腹節に突起（1対）がある

♀腹部先端（腹面）。第9腹節に原産卵管がある

p.58-59の種は、いずれも北海道から本州東北部に分布する。

- 頭部は大きめ
- 尾鰓は比較的短く、最大幅は長さの1/3程度

終齢幼虫
(11–15 mm・
尾鰓なし9–11 mm)

カラカネイトトンボ
Nehalennia speciosa (Charpentier, 1840)

🟢分 北海道、本州（栃木県以北）、朝鮮半島、ロシア、ヨーロッパ。環 平地〜山地の、ミズゴケなどが繁茂する湿原。生 1年1世代。幼虫越冬。

- 触角の第3節は長く、第2節の1.5倍程度ある
- 尾鰓は葉状で先端は尖り、中央部から先端にかけて1〜3本の褐色条がある

終齢幼虫
(20–27 mm・
尾鰓なし13–18 mm)

ルリイトトンボ
Enallagma circulatum Selys, 1883

🟢分 北海道、本州（福井県以東）、朝鮮半島、ロシア。環 平地〜山地の、浮葉、沈水植物が繁茂し水の透明度が高い池沼。生 1年1世代。幼虫越冬。

後頭角は多少張り出す

尾鰓は柳葉状で先端はやや尖り、中央分節は明瞭

終齢幼虫
(17–22 mm・尾鰓なし12–14 mm)

エゾイトトンボ
Coenagrion lanceolatum (Selys, 1872)

分 北海道、本州（福井県以東）、朝鮮半島、ロシア。**環** 平地〜山地の、樹林に近く抽水、浮葉植物が繁茂する池沼。**生** 1年1世代。幼虫越冬。

尾鰓は柳葉状で先端は尖り、斑紋は目立たない

終齢幼虫
(15–19 mm・尾鰓なし11–13 mm)

オゼイトトンボ
Coenagrion terue (Asahina, 1949)

分 北海道、本州（長野県以東）（日本固有種）。**環** 平地〜山地の、抽水、浮葉植物が繁茂する池沼や湿地。**生** 1年1世代。幼虫越冬。

後頭角は狭まり張り出さない

尾鰓は柳葉状で先端は尖り、斑紋は目立たない

終齢幼虫
(16–24 mm・尾鰓なし11–16 mm)

マンシュウイトトンボ
Ischnura elegans (Vander Linden, 1820)

分 北海道、本州（青森県）、朝鮮半島、中国、ロシア、ヨーロッパ。**環** 平地〜丘陵地の、抽水植物が豊富で開放的な池沼。**生** 1年1〜2世代。幼虫越冬。

尾鰓の黒い小粒子状の部分が鋸歯列

頭部が大きく体は短い

尾鰓は短く丸みがあり、上縁の鋸歯列は半ばより後方まで続く個体が多い

終齢幼虫
(15〜21 mm・尾鰓なし11〜15 mm)

キイトトンボ

Ceriagrion melanurum
Selys, 1876

分 本州、四国、九州、朝鮮半島、中国。**環** 平地〜山地の、抽水植物が繁茂する池沼や湿地など。**生** 1年1〜2世代。幼虫越冬。

尾鰓は短く丸みがあり、上縁の鋸歯列は半ば程度で終わる個体が多い

頭部が大きく体は短い

終齢幼虫
(16〜20 mm・尾鰓なし13〜15 mm)

ベニイトトンボ

Ceriagrion nipponicum
Asahina, 1967

分 本州、四国、九州、朝鮮半島、中国。**環** 平地〜山地の、抽水、浮葉植物が繁茂する池沼。**生** 1年1〜2世代。幼虫越冬。

頭部が大きく体は短い

上縁の鋸歯列は半ば程度で終わる

終齢幼虫
(15〜21 mm・尾鰓なし11〜15 mm)

尾鰓は短く丸みがある

リュウキュウベニイトトンボ

Ceriagrion auranticum Fraser, 1922

分 (本州・四国)、九州、南西諸島、朝鮮半島、台湾、中国、東南アジア。九州以南に生息するが、関東地方などで人為的移入が確認されている。**環** 平地〜丘陵地の、水生植物の豊かな池沼や河川中下流域の淀みなど。**生** 1年多世代。本土では幼虫越冬(南西諸島ではあらゆるステージで越冬)。

■イトトンボ科の若齢〜亜終齢幼虫

ベニイトトンボ

中齢幼虫
(8-9 mm)

若齢でも
体形は太短く、
頭部が相対的に
大きい

リュウキュウベニイトトンボ

亜終齢幼虫
(14 mm)

ベニイトトンボと
酷似し、確実な
区別は難しい

クロイトトンボ

中齢幼虫
(15.8 mm)

中齢幼虫
(10.3 mm)

若齢では、
同属種との
区別は
より難しい

オオイトトンボ

亜終齢幼虫
(13 mm)

若齢では、
同属種との区別は
より難しい

ムスジイトトンボ

中齢幼虫
(16.2 mm)

アオモンイトトンボや
アジアイトトンボとも
同所的に見られるが、
尾鰓は尖らず斑紋がある

アオモンイトトンボ

中齢幼虫
(15.7 mm)

クロイトトンボ属とは
異なり、尾鰓は先端が尖り
明瞭な斑紋がない

アジアイトトンボ

尾鰓は細く先端が
尖る。アオモンイト
トンボと同所的
に見られることも
多いが、若齢での
区別は難しい

中齢幼虫
(11.4 mm)

亜終齢幼虫
(15.8 mm)

イトトンボ類の幼虫は、沈水植物や水中の堆積物に身を潜めていることが多い
(写真はアジアイトトンボ)

尾鰓はやや幅広く
先端は尖らず、通常は
3個の明瞭な斑紋がある

終齢幼虫
(17-23 mm・
尾鰓なし12-17 mm)

クロイトトンボ
Paracercion calamorum (Ris, 1916)

分 北海道、本州、四国、九州、朝鮮半島、中国、ロシア（極東）。**環** 平地〜丘陵地の、浮葉、沈水植物の豊富な池沼や河川中下流域。**生** 1年1〜多世代。幼虫越冬。

尾鰓は先端が尖らず
中央分節付近を含め
不明瞭な横斑がある

終齢幼虫
(19-23 mm・
尾鰓なし14-16 mm)

オオイトトンボ
Paracercion sieboldii (Selys, 1876)

分 北海道、本州、四国、九州、朝鮮半島。**環** 平地〜丘陵地の、浮葉、沈水植物の豊富な池沼や湿地、休耕田や細流。**生** 1年1〜多世代。幼虫越冬。

尾鰓は先端が尖らず
尾鰓は近縁種より
幅が狭い傾向がある

終齢幼虫
(19-23 mm・
尾鰓なし15-18 mm)

セスジイトトンボ
Paracercion hieroglyphicum (Brauer, 1865)

分 北海道、本州、四国、九州、朝鮮半島、中国、ロシア（極東）。**環** 平地〜丘陵地の、浮葉、沈水植物の豊富な池沼や河川中下流域、用水路。**生** 1年1〜多世代。幼虫越冬。

尾鰓はやや幅広く先端に丸みがあり、3個の不鮮明な褐色斑がある

終齢幼虫
(17-23 mm・尾鰓なし12-16 mm)

ムスジイトトンボ
Paracercion melanotum (Selys, 1876)

分 本州、四国、九州、南西諸島、朝鮮半島、台湾、中国、ベトナム。**環** 平地〜丘陵地の、浮葉、沈水植物が豊富で開放的な池沼。**生** 1年1〜多世代。本土では幼虫越冬（南西諸島ではあらゆるステージで越冬）。

クロイトトンボ・オオイトトンボ・セスジイトトンボ・ムスジイトトンボ・オオセスジイトトンボの5種は、尾鰓の先端が丸みを帯びるのが特徴。大型のオオセスジイトトンボ以外は、尾鰓の斑紋で大まかな見当をつける以外、形態での確実な区別は難しい。

本州の他のイトトンボ科の種より明らかに大型

尾鰓の先端は尖らず、3個の不明瞭な斑紋がある

終齢幼虫
(25-31 mm・尾鰓なし17-21 mm)

オオセスジイトトンボ
Paracercion plagiosum (Needham, 1930)

分 本州（東北地方、新潟県、関東地方に局所的）、朝鮮半島、中国、ロシア（極東）。**環** 平地〜丘陵地の、抽水、浮葉植物の豊富な池沼。**生** 1年1〜2世代。幼虫越冬。

イトトンボ科

後頭角は明瞭に尖り、後方へ突き出る

尾鰓は柳葉状で先端が尖り、斑紋がない

終齢幼虫
(13-18 mm・尾鰓なし9-14 mm)

モートンイトトンボ
Mortonagrion selenion (Ris, 1916)

分 (北海道)、本州、四国、九州、朝鮮半島、中国、ロシア(極東)。**環** 平地〜丘陵地の、泥深い低湿地や湿田、休耕田など。**生** 1年1世代。幼虫越冬。

後頭部は角ばらず突出しない

尾鰓は細い針状で、先端近くに斑紋が並ぶ

終齢幼虫
(12-18 mm・尾鰓なし9-11 mm)

ヒヌマイトトンボ
Mortonagrion hirosei Asahina, 1972

分 本州、九州(いずれも局所的)、台湾、中国。**環** ヨシやマコモが密生した、海岸線に近い河川下流(汽水)域や湖沼。**生** 1年1世代。幼虫越冬。

尾鰓は柳葉状で先端は尖る

終齢幼虫
(11-15 mm・尾鰓なし7-10 mm)

コフキヒメイトトンボ
Agriocnemis femina (Brauer, 1868)

分 (本州)、四国、九州、南西諸島、台湾、中国、東南アジア、インド、オセアニア。**環** 平地〜丘陵地の、丈の低い植物が密生した池沼や湿地、水田など。**生** 1年多世代。本土では幼虫越冬(南西諸島ではあらゆるステージで越冬)。

尾鰓先端はやや丸みがあり、かすかに尖る

腹部の腹面には小さな縦斑が並ぶ

終齢幼虫
(14–18 mm・
尾鰓なし9–12 mm)

ホソミイトトンボ
Aciagrion migratum (Selys, 1876)

分 本州、四国、九州、朝鮮半島、台湾、中国。**環** 平地～丘陵地の、水の透明度の高い池沼や湿田。**生** 1年1～2世代。成虫越冬。

尾鰓は柳葉状で先端は尖る

終齢幼虫
(18–23 mm・
尾鰓なし12–18 mm)

アオモンイトトンボ
Ischnura senegalensis (Rambur, 1842)

分 本州、四国、九州、小笠原諸島、南西諸島、朝鮮半島、台湾、中国、アジア、アフリカ。**環** 平地(沿岸域)～丘陵地の、開放的な池沼や河川敷の水溜りなど。**生** 1年2～多世代。本土では幼虫越冬(南西諸島ではあらゆるステージで越冬)。

本州の平地の止水域で見つかるイトトンボ科幼虫で、尾鰓の先端が尖る個体は、アオモンイトトンボかアジアイトトンボの可能性が高い。

アオモンイトトンボよりも尾鰓が細長い傾向があるが、個体差も大きく、これら2種の区別は難しい

尾鰓は細長く先端は尖り、斑紋は目立たない

終齢幼虫
(15–22 mm・
尾鰓なし11–15 mm)

アジアイトトンボ
Ischnura asiatica (Brauer, 1865)

分 北海道、本州、四国、九州、南西諸島、朝鮮半島、台湾、中国、ロシア(極東)。**環** 平地～山地の、抽水植物が豊富な池沼や湿地、河川の淀みなど。**生** 1年2～多世代。幼虫越冬。

ムカシトンボ科

河川源流域に生息する。やや扁平で太短く、直腸鰓をもつ。ただし、他の不均翅亜目の幼虫とは異なり、直腸から水を噴出して泳ぐことはない。中齢以降は、第9腹節に♂は原生殖孔が形成され、♀では原産卵管が発達することで雌雄の区別ができる。日本には1属1種が分布する。

識別のポイント
- 河川源流域に生息する。
- 触角は非常に短く、腹部に発音ヤスリがある。

■ 雌雄の見分け方

♂第9腹節(腹面)。
中央に原生殖孔がある

♀第9腹節(腹面)。
原産卵管がある

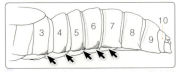

第3-7腹節の側面にはやすり状の発音器があり、後脚内面と摩擦させて発音する

羽化を前にしたムカシトンボの上陸期間は長く、1か月余りにも及ぶ。複眼には、すでに成虫の色彩が現れている
(川島逸郎・写真)

中齢幼虫　　亜終齢幼虫♂
(8.6 mm)　　(17.7 mm)

ムカシトンボ
Epiophlebia superstes
(Selys, 1889)

🔵分 北海道、本州、四国、九州(日本固有種)。🟢環 まとまった山塊にある丘陵地や山地の、樹林に囲まれた河川源流域。🟡生 5~8年1世代。幼虫越冬。幼虫は渓流の石の下でよく見られる。

触角は糸状で5節

背棘はない

終齢幼虫
(17-23 mm)

外皮は硬く、腹面は平坦となる

ヤンマ科

大部分の種は止水域(池沼・水田・湿地など)だが、一部の種(本書ではコシボソヤンマとミルンヤンマ)は流水域(河川源流～中流)に生息する。体はやや太い円柱状で、糸状で7節の触角、平坦な下唇や直腸鰓をそなえる。中齢以降は、第9腹節に♂では原生殖器が形成され、♀では原産卵管が発達することで雌雄の区別ができる。日本には9属23種(未掲載の1種は北海道、6種は南西諸島、2種は海外からの飛来種)が分布する。

識別のポイント

- 生息環境や頭部、下唇、♀産卵管の形状などで区別。
- サラサヤンマは腹部が円筒(じゃばら)状で特異な体形。
- コシボソヤンマとミルンヤンマは河川に生息し、終齢幼虫は第8腹節背面に淡色斑。
- アオヤンマとネアカヨシヤンマ(背棘がある)は頭部が逆台形。アオヤンマは後頭部や腹背の暗色条が目立つ。
- ギンヤンマ、クロスジギンヤンマ、オオギンヤンマの3種は複眼が大きく後方まで広がる。

■ 雌雄の見分け方

♂第9腹節(腹面)。基部寄りに小さな原生殖孔がある

♀第9腹節(腹面)。原産卵管がある

♂囲肛節(背面)。♂は囲肛片のうち肛上片上に、成虫での下附属器となる突起がある

♀囲肛節(背面)。背面は平滑で、突起や隆起はない

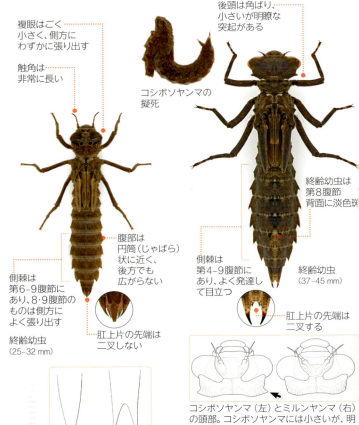

複眼はごく小さく、側方にわずかに張り出す

触角は非常に長い

コシボソヤンマの擬死

後頭は角ばり、小さいが明瞭な突起がある

側棘は第6〜9腹節にあり、8・9腹節のものは側方によく張り出す

腹部は円筒（じゃばら）状に近く、後方でも広がらない

肛上片の先端は二叉しない

終齢幼虫（25–32 mm）

終齢幼虫は第8腹節背面に淡色斑

側棘は第4〜9腹節にあり、よく発達して目立つ

終齢幼虫（37–45 mm）

肛上片の先端は二叉する

サラサヤンマ（左・二叉しない）と、コシボソヤンマ（右・二叉する）の肛上片先端

コシボソヤンマ（左）とミルンヤンマ（右）の頭部。コシボソヤンマには小さいが、明瞭な突起がある

サラサヤンマ
Sarasaeschna pryeri
(Martin, 1909)

🔰 北海道、本州、四国、九州、朝鮮半島（済州島）。🌱 平地〜丘陵地の、樹林に囲まれた低湿地や遷移の進んだ放棄水田など。🐛 1〜3年1世代。幼虫越冬。

コシボソヤンマ
Boyeria maclachlani
(Selys, 1883)

🔰 北海道、本州、四国、九州、朝鮮半島。🌱 平地〜丘陵地の、樹林に囲まれた河川上中流域や用水路。🐛 2〜3年1世代。2年目以降は幼虫越冬。刺激を受けると背方に強く反った姿勢で硬直（擬死）する。

ミルンヤンマ
Planaeschna milnei (Selys, 1883)

分 北海道、本州、四国、九州、南西諸島（奄美以北）（日本固有種）。環 丘陵地〜山地の、樹林に囲まれた河川源流域〜上流域。生 2〜4年1世代。2年目以降は幼虫越冬。捕獲されると体を硬直させて死んだふりをするが、背方には強く反らない。

アオヤンマ
Aeschnophlebia longistigma Selys, 1883

分 北海道、本州、四国、九州、朝鮮半島、中国、ロシア（極東）。環 平平地〜丘陵地の、ヨシやマコモなど丈の高い抽水植物が繁茂する池沼。生 1〜2年1世代。幼虫越冬。

ネアカヨシヤンマ
Aeschnophlebia anisoptera Selys, 1883

分 本州、四国、九州、朝鮮半島、中国。環 平地〜丘陵地の、樹林に近く湿性植物が豊富な湿地や池沼、放棄水田など。生 1〜2年1世代。幼虫越冬。

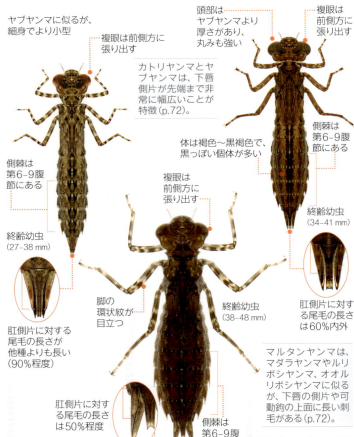

カトリヤンマ
Gynacantha japonica Bartenev, 1910

分 (北海道)、本州、四国、九州、南西諸島、朝鮮半島、台湾、中国。環 平地〜丘陵地の、樹林に近い湿田や池沼、河川敷の水溜まりなど。生 1年1世代。卵越冬。

ヤブヤンマ
Polycanthagyna melanictera (Selys, 1883)

分 本州、四国、九州、南西諸島、朝鮮半島、台湾、中国。環 平地〜丘陵地の、樹林に囲まれた水溜りや野壺など。生 1年1世代。幼虫越冬。

マルタンヤンマ
Anaciaeschna martini (Selys, 1897)

分 本州、四国、九州、南西諸島(奄美以北)、朝鮮半島、台湾、中国、東南アジア、インド。環 平地〜丘陵地の、樹林に近く抽水植物が豊富な池沼や湿地、放棄水田。生 1年1世代。幼虫越冬。

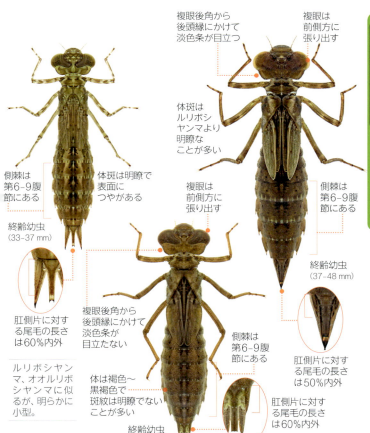

マダラヤンマ
Aeshna mixta
Latreille, 1805

分 北海道、本州（福井県以東）、朝鮮半島、中国、ロシア、ヨーロッパ、北アフリカ。環 平地〜丘陵地の、ヨシやマコモなど丈の高い抽水植物が繁茂する池沼。生 1年1世代。卵越冬。

ルリボシヤンマ
Aeshna juncea
(Linnaeus, 1758)

分 北海道、本州、四国、朝鮮半島、中国、ロシア、ヨーロッパ、北アメリカ。環 平地〜山地の、樹林に近く抽水植物が繁茂する池沼や湿地、池塘や放棄水田。生 2〜4年1世代。2年目以降は幼虫越冬。

オオルリボシヤンマ
Aeshna crenata
Hagen, 1856

分 北海道、本州、四国、九州、朝鮮半島、ロシア、ヨーロッパ。環 平地〜山地の、樹林に近く抽水植物が繁茂する池沼や池塘。生 2〜4年1世代。2年目以降は幼虫越冬。

■ ヤンマ科終齢幼虫の下唇

カトリヤンマ

下唇側片の先端は、ほぼ直角で、非常に幅広い

ヤブヤンマ
下唇側片の先端は、ほぼ直角で、非常に幅広い

マルタンヤンマ
下唇側片の先端は、ほぼ直角の形状になる
マダラヤンマ・ルリボシヤンマ・オオルリボシヤンマに似るが、下唇の側片や可動鉤の上面に長い刺毛がある

マダラヤンマ
マルタンヤンマに似るが、下唇の側片や可動鉤の上面には長い刺毛がない
下唇側片の先端は、ほぼ直角の形状になる

ルリボシヤンマ
下唇側片の先端は、ほぼ直角の形状になる

オオルリボシヤンマ
下唇側片の先端は、ほぼ直角の形状になる

ギンヤンマ
下唇側片の先端は、ほぼ直角の形状になる

クロスジギンヤンマ
下唇側片の先端は、なだらかに細まる個体が多い

オオギンヤンマ
下唇側片の先端は、なだらかに細まる個体が多い

■ ヤンマ科終齢幼虫の原産卵管

カトリヤンマ

原産卵管は長大で、先端は第9腹節の後縁を超える

ヤブヤンマ

原産卵管は長大で、先端は第9腹節の後縁を超える

マルタンヤンマ

原産卵管は小さく、先端は第9腹節の後縁にわずかに届かない

マダラヤンマ

原産卵管は小さく、先端は第9腹節の後縁に達する程度

ルリボシヤンマ

原産卵管は小さく、先端は第9腹節の後縁にわずかに届かない

オオルリボシヤンマ

原産卵管は小さく、先端は第9腹節の後縁に達する程度

ギンヤンマ

原産卵管は小さく、先端は第9腹節の後縁に届かない

クロスジギンヤンマ

原産卵管は小さく、先端は第9腹節の後縁にわずかに届かない

オオギンヤンマ

原産卵管は小さく、先端は第9腹節の後縁に届かない

下唇側片の先端はほぼ直角の形状になる(p.72)
下唇前基節は短めで、長さは最大幅の1.6〜1.7倍程度

下唇側片の先端はなだらかに細まる個体が多い(p.72)
下唇前基節は短めで、長さは最大幅の1.7〜1.8倍程度

下唇前基節はかなり細長く、長さは最大幅の2倍以上

頭部の形や複眼内の淡色斑の形状、体斑での見分け方も提唱されているが、個体差や成長段階による変化が大きく、判断が困難な例も少なくないため、下唇側片と尾毛、原産卵管の形状を見て判断することが望ましい。

複眼は後側方に張り出す

複眼は後側方へ張り出す

終齢幼虫 (44-55 mm)
側棘は第7-9腹節にある
肛側片に対する尾毛の長さは50%以下

終齢幼虫 (43-51 mm)
側棘は第7-9腹節にある
肛側片に対する尾毛の長さは50%以上

終齢幼虫 (50-55 mm)
肛側片に対する尾毛の長さは50%程度

ギンヤンマ
Anax parthenope
(Selys, 1839)

分 北海道、本州、四国、九州、小笠原諸島、南西諸島、アジア、ロシア、ヨーロッパ、北アフリカ。環 平地〜丘陵地の、開放的な池沼や河川のワンド、人工のプールなど。生 1年1〜多世代。幼虫越冬。

クロスジギンヤンマ
Anax nigrofasciatus
Oguma, 1915

分 北海道、本州、四国、九州、南西諸島（奄美以北）、朝鮮半島、台湾、中国、東南アジア。環 平地〜丘陵地の、樹林に近い小さな池沼や水溜り。生 1年1世代。幼虫越冬。

オオギンヤンマ
Anax guttatus
(Burmeister, 1839)

分 （北海道、本州、四国、九州）、小笠原諸島、南西諸島、朝鮮半島、台湾、中国、東南アジア、オセアニア。環 平地〜丘陵地の、抽水、浮葉植物が繁茂する開放的な池沼や河川のワンド。生 1年1〜多世代。幼虫越冬と考えられる。

■ ヤンマ科中齢〜亜終齢幼虫

コシボソヤンマ **ミルンヤンマ** **アオヤンマ** **ネアカヨシヤンマ**

中齢幼虫
(26.7 mm)

中齢幼虫
(8.8 mm)

亜終齢幼虫
(28.5 mm)

亜終齢幼虫
(33.1 mm)

中齢幼虫
(14.4 mm)

刺激を受けると顕著な擬死姿勢を示す。頭部の形状(後頭の小突起)や側棘は終齢と同じ

刺激を受けると擬死姿勢を示すが、頭部の形状や側棘でコシボソヤンマと区別できる

体形はネアカヨシヤンマに似るが、後頭部の黒条や、胸部から腹部にかけて連続する縦条が目立つ

アオヤンマに似るが、国産のヤンマ科では唯一背棘がある

カトリヤンマ **ヤブヤンマ**

中齢幼虫
(16 mm)

亜終齢幼虫
(25.5 mm)

中齢幼虫
(16.5 mm)

亜終齢幼虫
(37.8 mm)

ヤブヤンマとよく似るが、細身で華奢に見える

脚が長めで斑紋が明瞭

マルタンヤンマ **ルリボシヤンマ** **ギンヤンマ** **クロスジギンヤンマ**

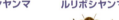

中齢幼虫
(17.9 mm)

中齢幼虫
(20.8 mm)

中齢幼虫
(31.3 mm)

中齢幼虫
(22.6 mm)

マルタンヤンマに似る。斑紋は不鮮明なことが多い

頭が大きく脚が短め。黒っぽい個体が多い

亜終齢幼虫
(26.2 mm)

頭部の形状は終齢と同じで、複眼は後側方に張り出す

中齢幼虫
(33.1 mm)

亜終齢幼虫
(37.2 mm)

若齢ではギンヤンマとの区別が難しいが、亜終齢では、下唇側片の形状(p. 72)に終齢と似た傾向が現れる

サナエトンボ科

流水域（河川源流〜下流）に生息する種が多いが、一部の種は池沼や湖に生息する。扁平で太短く、通常第3節が著しく発達した4節の触角、平坦な下唇や直腸鰓をそなえる。中齢以降は、♂では第2・3腹節腹板に原副交尾器が、♀では第8腹節の後縁から原産卵弁が生じることで雌雄の区別ができる。日本には15属27種（未掲載の5種は南西諸島）が分布する。

識別のポイント

- 種の区別は、分布域、生息環境、体形、触角の形、翅芽の開き具合、背棘および側棘の位置や数で判断する。
- 砂泥の付着が多いため、表面を洗うと観察しやすい。
- コオニヤンマ、ウチワヤンマ、タイワンウチワヤンマは独特の体形。
- オオサカサナエ、ナゴヤサナエ、メガネサナエは細長い体形で、前脚・中脚の脛節先端に突起がないのが特徴。

■ 雌雄の見分け方

 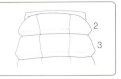

♂腹部前方節（腹面）。第2・3腹節腹板に原副交尾器がある

♀腹部前方節（腹面）。第2・3腹節腹板は平滑で、原生殖器はない

♂腹部先端（腹面）。♂は第8腹節後縁から産卵弁は生じない

♀腹部先端（腹面）。♀は第8腹節の後縁から1対の小さな原産卵弁が生じる

サナエトンボ科

触角第3節は幅広い円盤状

触角第3節は細長い棒状

体表は非常に硬い

終齢幼虫
(34–40 mm)

体は非常に平たく枯葉状

触角第3節は細長い棒状

生時は緑色みが強い

第7-9腹節の斑紋が目立つ

終齢幼虫
(25–30 mm)

体は幅広く丸みが強い

体は細長い五角形状で外皮が硬い

腹部は第8腹節以降が急に狭まる

終齢幼虫
(38–44 mm)

コオニヤンマ
Sieboldius albardae
Selys, 1886

分 北海道、本州、四国、九州、朝鮮半島、中国、ロシア（極東）。**環** 丘陵地の、樹林に近い河川中〜下流域や小川。**生** 2〜4年1世代。幼虫越冬。幼虫はゆるやかな流れの植物の根際や落ち葉の下でよく見られる。

ウチワヤンマ
Sinictinogomphus clavatus
(Fabricius, 1775)

分 本州、四国、九州、朝鮮半島、台湾、中国、ロシア（極東）、東南アジア。**環** 平地〜丘陵地の、開放水面が広がる池沼や大湖。**生** 1〜2年1世代。幼虫越冬。幼虫は水深の深い湖沼の泥に潜っている。

タイワンウチワヤンマ
Ictinogomphus pertinax
(Hagen in Selys, 1854)

分 本州、四国、九州、南西諸島、台湾、中国、東南アジア。**環** 平地〜丘陵地の、抽水植物が繁茂し開放水面が広がる池沼。**生** 1〜2年1世代。幼虫越冬。幼虫は池沼の泥に潜っている。

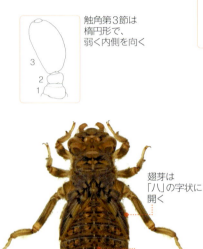

触角第3節は楕円形で、弱く内側を向く

触角第3節は平坦な棒状

翅芽は「ハ」の字状に大きく開く

腹部にこぶ状の背棘が並ぶ

側棘は鉤状でよく尖り第2-9腹節にある

終齢幼虫
（28-32 mm）

翅芽は「ハ」の字状に開く

側棘は第7-9腹節にある

腹部にこぶ状の背棘が並ぶ

終齢幼虫
（26-31 mm）

オナガサナエ
Melligomphus viridicostus
(Oguma, 1926)

分 本州、四国、九州（日本固有種）。環 丘陵地の、樹林が近く転石底の河川上〜中流域。生 2〜3年1世代。幼虫越冬。幼虫は流れの速い瀬の砂礫や石の下でよく見られる。

アオサナエ
Nihonogomphus viridis
Oguma, 1926

分 本州、四国、九州（日本固有種）。環 丘陵地の、樹林が近く砂利底の河川中流域や砕波湖岸。生 2〜3年1世代。2年目以降は幼虫越冬。幼虫は流れのゆるやかな砂礫の交じった環境でよく見られる。

サナエトンボ科

触角第3節はへら状

触角第3節はへら状

触角第3節はへら状

後頭片の突起は小さく、あまり側方へ突出しない

後頭片の突起は小さく、あまり側方へ突出しない

後頭片の突起は大きめで、本州中部個体群ではとりわけ側方に突出し目立つ

翅芽はやや左右に開く

背棘はない
終齢幼虫（18-22 mm）
側棘は第7-9腹節にある

背棘はない
終齢幼虫（18-22 mm）
側棘は第7-9腹節にある

終齢幼虫（17-22 mm）
背棘はなく、側棘は第7-9腹節にある（本州中部個体群では、ときに7腹節のものが消失する）

♂終齢の肛上片上の小突起はダビドサナエより大きく、側方へ突出する

♂終齢の肛上片上の小突起はクロサナエより小さく、側方へ突出しない

♂終齢の肛上片上の小突起は小さく、側方へ突出しない

クロサナエ・ダビドサナエ・モイワサナエの幼虫は流れのゆるい砂泥底に生息し、体色は淡褐色〜黒褐色まで変化に富む。

クロサナエ
Davidius fujiama
Fraser, 1936

分 本州、四国、九州（日本固有種）。環 丘陵地〜山地の、樹林に囲まれた河川源流〜上流域。生 2年1世代。幼虫越冬。

ダビドサナエ
Davidius nanus
(Selys, 1869)

分 本州、四国、九州（日本固有種）。環 丘陵地の、樹林に囲まれた河川上中流域。生 2年1世代。幼虫越冬。

モイワサナエ
Davidius moiwanus
(Okumura, 1935)

分 北海道、本州（日本固有種）。環 丘陵地の、樹林に囲まれた河川上〜中流域（東日本）や、湿地、放棄水田を流れる細流（西日本）。生 2〜3年1世代。幼虫越冬。

クロサナエとダビドサナエは、♀の同定が困難。

● サナエトンボ科

触角第3節は楕円状で、弱く内側を向く

触角第3節は楕円状だが内縁は直線的で、全体的に内側を向く

触角第3節は丸みのある三角形状

翅芽は平行して後方へのびる

複眼は前側方に張り出す

翅芽は平行して後方へのびる

背棘はない

側棘は第7-9腹節にある

終齢幼虫 (18-22 mm)

背棘は第6-9腹節にあるが、先端は丸く6・7腹節のものは目立たない

側棘は第8・9腹節にある

終齢幼虫 (15-19 mm)

胸部や脚に黒く明瞭な模様がある

背棘はない

第8・9腹節に微小な側棘がある

終齢幼虫 (16-19 mm)

ヒメクロサナエ
Lanthus fujiacus
(Fraser, 1936)

分 本州、四国、九州（日本固有種）。環 丘陵地〜山地の、樹林に囲まれた河川源流域。生 2年1世代。幼虫越冬。幼虫は小さな流れの砂泥底に潜っている。

ヒメサナエ
Sinogomphus flavolimbatus
(Oguma, 1926)

分 本州、四国、九州（日本固有種）。環 丘陵地〜山地の、樹林に囲まれた河川源流〜上流域（幼虫は下流まで流下する）。生 2年1世代。幼虫越冬。幼虫は流れの速い瀬の石の下でよく見られる。

オジロサナエ
Stylogomphus suzukii
(Oguma, 1926)

分 本州、四国、九州（日本固有種）。環 丘陵地〜山地の、樹林に囲まれた河川源流〜上流域（幼虫は下流まで流下する）。生 2年1世代。幼虫越冬。幼虫は流れのゆるやかな砂底に潜っている。

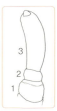

タベサナエ・オグマサナエ・フタスジサナエ・コサナエの4種は、池や湿地、ゆるやかな流れの泥底に浅く潜っている。

触角第3節は細長いへら状

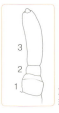

触角第3節は細長いへら状

背棘は第4-9腹節にあり目立つ

側棘は第6-9腹節にある

終齢幼虫 (21-26 mm)

背棘は第8・9腹節にあるが痕跡的

側棘は第6-9腹節にあるが、6腹節は時に消失

終齢幼虫 (24-28 mm)

第10腹節は短く、棒状に著しく突出することはない

第10腹節は非常に細長く、長さは最大幅（直径）の2倍以上ある

タベサナエ
Trigomphus citimus
(Needham, 1931)

分 本州（静岡県以西）、四国、九州、朝鮮半島、中国、ロシア（極東）。環 平地〜丘陵地の、樹林に囲まれた池沼や湿地、ゆるやかな流れ。生 2年1世代。幼虫越冬。

オグマサナエ
Trigomphus ogumai
(Asahina, 1949)

分 本州（愛知県以西）、四国、九州（日本固有種）。環 平地〜丘陵地の、樹林が近く抽水植物の繁茂する開放的な池沼。生 2年1世代。幼虫越冬。

触角第3節は
細長いへら状

終齢幼虫
(19-24 mm)

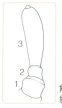

触角第3節は
細長いへら状

終齢幼虫
(21-26 mm)

背棘は
第8・9腹節に
あるが小さく
目立たない

側棘は
第6-9腹節
にある

背棘は
第8・9腹節
にあるが
痕跡的

側棘は
第6-9腹節
にある

第10腹節は短めで、
長さは最大幅(直径)
より少し長い程度

第10腹節は細長く、
長さは最大幅(直径)の
1.5～2倍程度ある

コサナエ
Trigomphus melampus
(Selys, 1869)

分 北海道、本州(日本固有種)。環 平地～丘陵地の、樹林に近い池沼や湿地、放棄水田。生 2～3年1世代。幼虫越冬。

フタスジサナエ
Trigomphus interruptus
(Selys, 1854)

分 本州(静岡県以西)、四国、九州(日本固有種)。環 平地～丘陵地の、樹林に近い池沼。生 2年1世代。幼虫越冬。

サナエトンボ科

触角第3節は短い棒状

下唇の前基節前縁の刺毛の密度は粗い

前脚・中脚の脛節先端外側に明瞭な突起はない

第9腹節は基部最大幅より短いかほぼ同長

終齢幼虫（31–36 mm）

オオサカサナエ
Stylurus annulatus (Djakonov, 1926)

分 本州（琵琶湖周辺・三重県・岐阜県・愛知県）、朝鮮半島、中国、ロシア。環 琵琶湖やその流入、流出河川や、樹林に近い砂泥底の河川中流域（三重県）。生 2〜3年1世代。幼虫越冬。

触角第3節は短い棒状

下唇の前基節前縁の刺毛は密に生える

第9腹節は基部最大幅とほぼ同長かわずかに長い程度

終齢幼虫（33–37 mm）

ナゴヤサナエ
Stylurus nagoyanus (Asahina, 1951)

分 北海道、本州、四国、九州（日本固有種）。環 平地〜丘陵地の、樹林に近い砂泥底の河川中下流域。生 2〜3年1世代。幼虫越冬。

触角第3節は短い棒状

下唇の前基節前縁の刺毛は密に生える

前脚・中脚の脛節先端外側に明瞭な突起はない

第9腹節は非常に細長く、基部最大幅より明らかに長い

終齢幼虫（36–42 mm）

メガネサナエ
Stylurus oculatus (Asahina, 1949)

分 本州（琵琶湖・諏訪湖周辺・愛知県）（日本固有種）。環 琵琶湖、諏訪湖などの大湖とその流入、流出河川。生 2〜3年1世代。幼虫越冬。

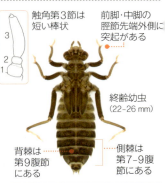

触角第3節は短い棒状

前脚・中脚の脛節先端外側に突起がある

終齢幼虫（22–26 mm）

背棘は第9腹節にある

側棘は第7–9腹節にある

ホンサナエに似るが、体はより扁平で、終齢の複眼は淡緑色みがある。

ミヤマサナエ
Anisogomphus maacki (Selys, 1872)

分 本州、四国、九州、朝鮮半島、台湾、中国、ロシア、ネパール。環 平地〜山地の、砂泥底の河川中〜下流域。生 2〜3年1世代。幼虫越冬。

羽化殻では腹節の幅が狭まり細長く見えることが多い（図は羽化殻を参照）。

よく似るオオサカサナエ・ナゴヤサナエ・メガネサナエとp.83の3種は、脚に注目(p.87)。

触角第3節は短い棒状。キイロサナエに似るが、体形はより太短い

触角第3節は短い棒状。ヤマサナエに似るが、体形はやや細長い

● サナエトンボ科

触角第3節は短い棒状

終齢幼虫
(30–38 mm)

前脚・中脚の脛節先端外側に突起がある

前脚・中脚の脛節先端外側に突起がある

背棘は第8・9腹節にあり、8腹節は時に消失

側棘は第6–9腹節にあり、6腹節は時に消失

背棘は第9腹節にあるが、時に8腹節にもある

終齢幼虫
(31–37 mm)

終齢幼虫
(23–30 mm)

背棘は西日本では第8・9腹節に、東日本では9腹節のみにある

側棘は西日本では第6–9腹節に、東日本では第7–9腹節にある

原産卵弁はキイロサナエより明らかに短い

側棘は第7–9腹節にあり、時に6腹節にもある

原産卵弁は、やや長く明瞭

ミヤマサナエに似るが少し厚みがあり、腹部後半がより細い。

第9腹節の幅は広く、長さは最大幅の1〜1.2倍

第9腹節の幅は狭く、長さは最大幅の1.3〜1.7倍

ホンサナエ
Shaogomphus postocularis
(Selys, 1869)

🔰 北海道、本州、四国、九州、朝鮮半島、中国、ロシア。🏠 平地〜丘陵地の、砂泥底の河川中〜下流域や湖。🐛 2〜3年1世代。幼虫越冬。

ヤマサナエ
Asiagomphus melaenops
(Selys, 1854)

🔰 本州、四国、九州(日本固有種)。🏠 丘陵地〜山地の、樹林が近く砂泥底の河川上〜中流域や用水路。🐛 2〜4年1世代。幼虫越冬。

キイロサナエ
Asiagomphus pryeri
(Selys, 1883)

🔰 本州、四国、九州(日本固有種)。🏠 平地〜丘陵地の、樹林に近く砂泥底の小川や用水路。🐛 2〜4年1世代。幼虫越冬。

p.83掲載の3種は、先端がのびる腹部のシルエットに注目(p. 87)。

■ サナエトンボ科終齢幼虫の触角

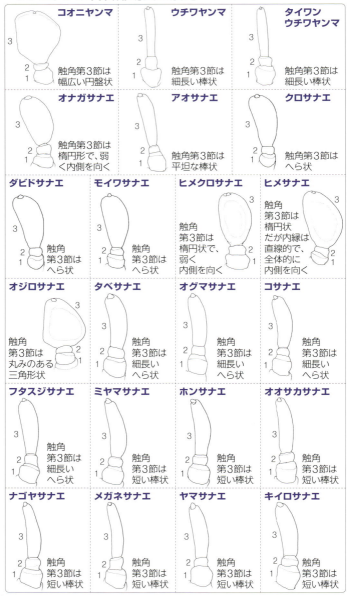

■ ダビドサナエ属終齢幼虫(♂)の腹端

クロサナエ	ダビドサナエ	モイワサナエ

♂終齢の肛上片上の小突起はダビドサナエよりも大きく、側方へ突出する	♂終齢の肛上片上の小突起はクロサナエよりも小さく、側方へ突出しない	♂終齢の肛上片上の小突起は小さく、側方へ突出しない

■ サナエトンボ科終齢幼虫の腹端

タベサナエ	オグマサナエ	コサナエ

第10腹節は短く、棒状に著しく突出することはない	第10腹節は非常に細長く、長さは最大幅(直径)の2倍以上ある	第10腹節は短めで、長さは最大幅(直径)より少し長い程度
フタスジサナエ	オオサカサナエ	ナゴヤサナエ
第10腹節は細長く、長さは最大幅(直径)の1.5〜2倍程度ある	第9腹節は、基部最大幅より短いか、ほぼ同長(羽化殻では側面から圧されることが多い)	第9腹節は、基部最大幅とほぼ同長かわずかに長い程度(羽化殻では側面から圧されることが多い)
メガネサナエ	ヤマサナエ(腹面)	キイロサナエ(腹面)
第9腹節は非常に細長く、基部最大幅より明らかに長い(羽化殻では側面から圧されることが多い)	第9腹節の幅は広く、長さは最大幅の1〜1.2倍。原産卵弁は、キイロサナエよりも明らかに短い	第9腹節の幅は狭く、長さは最大幅の1.3〜1.7倍。原産卵弁は、やや長く明瞭

■ サナエトンボ科中齢〜亜終齢幼虫

※若齢〜中齢でも、触角の形状は種ごとの特徴が現れているため、区別に役立つ。

コオニヤンマ

中齢でも腹部が
非常に薄く幅広い

中齢幼虫
(10.2 mm)

亜終齢幼虫
(30.2 mm)

タイワンウチワヤンマ

腹部は、
終齢と同様に
丸みが強く
厚みがある

中齢幼虫
(12.5 mm)

亜終齢幼虫
(21.8 mm)

オナガサナエ

中齢幼虫　　中齢幼虫　　亜終齢幼虫
(10.8 mm)　(13.4 mm)　(20.4 mm)

体形はアオサナエに似るが、
触角第3節は楕円形で、
弱く内側を向く

アオサナエ

中齢幼虫　　　中齢幼虫
(11.8 mm)　　(17.8 mm)

体形はオナガサナエに似るが、
触角第3節は平坦な棒状

クロサナエ

中齢幼虫　　中齢幼虫
(8.3 mm)　　(10.1 mm)

ダビドサナエ

中齢幼虫　　亜終齢幼虫
(5.7 mm)　　(14.5 mm)

モイワサナエ

中齢幼虫
(11.3 mm)

クロサナエ・ダビドサナエ・モイワサナエの3種
は酷似しており、終齢以外での区別は難しい。

ヒメサナエ

クロサナエ、ダビドサナエ、
モイワサナエ、オジロサナ
エと似るが、触角第3節は
楕円状で、やや内側を向く。
複眼は前側方に張り出す

亜終齢幼虫
(13.5 mm)

オジロサナエ

ヒメサナエに似るが、
触角が三角形。胸部
や脚に黒い模様

亜終齢幼虫
(14.2 mm)

オオサカサナエ / ナゴヤサナエ

オオサカサナエ　中齢幼虫 (21.6 mm)　亜終齢幼虫 (25.9 mm)
脛節(脚)先端の棘は小さく目立たない(下図)。腹部全体が細長い

ナゴヤサナエ　中齢幼虫 (23.7 mm)
脛節(脚)先端の棘は小さく目立たない(下図)。腹部全体が細長い

オオサカサナエ・ナゴヤサナエ・メガネサナエの3種は粘土交じりの砂泥域に生息し、体表が滑らかで砂泥の付着が少ないことが多い。

ミヤマサナエ
中齢幼虫 (11.2 mm)　中齢幼虫 (16 mm)　亜終齢幼虫 (21 mm)

ホンサナエと似るが、腹部がより薄く先端の細まり方が弱い。腹部はより黒味が強い

ホンサナエ
中齢幼虫 (12mm)　中齢幼虫 (20mm)
ミヤマサナエに似るが、やや厚みがあり先端が少し細くなる

キイロサナエ
中齢幼虫 (11.6 mm)　中齢幼虫 (17.3 mm)
ヤマサナエによく似るが、腹部先端がより細長い

ヤマサナエ
中齢幼虫 (14 mm)　中齢幼虫 (17.4 mm)
キイロサナエによく似るが、第9腹節がやや太め

ホンサナエ・ヤマサナエ・キイロサナエは腹部の形状がよく似るが、その最大幅の位置は、ホンサナエ：第4腹節＝5腹節、ヤマサナエ・キイロサナエ：第4腹節＞5腹節。

ミヤマサナエ・ホンサナエ・ヤマサナエ・キイロサナエの4種は流れのゆるやかな砂泥底に潜っている。

若齢幼虫でも使える脚の区別点

ナゴヤサナエ　**オオサカサナエ**　**キイロサナエ**

ナゴヤサナエ・オオサカサナエ・メガネサナエは、前脚・中脚の脛節先端に突起が目立たないのが特徴

キイロサナエは、突起が目立つ

● サナエトンボ科

ムカシヤンマ科

水の浸出する崖面や湿地に生息し、幼虫は土壌中に穴を掘り、内部に貯まった水に浸って生活する。大型で太短く、6節の触角、平坦な下唇や直腸鰓をそなえる。中齢以降は、♂では原生殖孔が形成され、♀では第9腹節に原産卵管が発達することで雌雄の区別ができる。日本には1属1種が分布する。

● 頭部が角ばるため一見オニヤンマとも似ているが、触角や囲肛節の形状、翅芽の向きが異なる。

■ **雌雄の見分け方**

♂腹部先端(腹面)。原生殖孔がある

♀腹部先端(腹面)。原産卵管がある(先端は第9腹節の後縁を超える)

幼虫は水の滴る崖や湿地に穴を掘ってその中で生活するが、しばしばこうして顔を出す

♂囲肛節(背面)。♂終齢の肛上片上の突起は大きい

♀囲肛節(背面)。♀終齢の肛上片上の突起は小さく、先端に向かって細まる

中齢幼虫 (11.3 mm)

中齢幼虫 (18.2 mm)

頭部が角ばり一見オニヤンマと似るが、触角の形や翅の角度が異なる

触角は太く6節

ムカシヤンマ
Tanypteryx pryeri
(Selys, 1889)

分 本州、九州(日本固有種)。**環** 丘陵地～山地の、樹林に近い湿地や水のしみ出た崖地など。**生** 2～3年1世代。幼虫越冬。

翅芽は平行して後方へのびる

第2-9腹節背面に毛束が2列に並ぶ

原産卵管は大きめで、先端は第9腹節の後縁を超える

終齢幼虫♀ (30-36 mm)

オニヤンマ科

流水域（河川源流〜中流、小川など）に生息する。大型で、体はやや扁平で細長く、7節の触角、さじ状の下唇や直腸鰓をそなえる。中齢以降は、♀では第9腹節の位置に原産卵弁が、♂では第2腹節腹板に原副交尾器が現れることで雌雄の区別ができる。日本には1属2種（未掲載の1種は南西諸島）が分布する。

■ 雌雄の見分け方

識別のポイント

● 体は格段に大きく（特に♀）、頭部は角ばる。ヤンマ科とは異なり毛深く、下唇はさじ状。翅芽は左右に開き「八」の字状。

♂腹部先端（腹面）。第9腹節の表面は平滑

♀腹部先端（腹面）。第8腹節後縁から原産卵弁が生じる

♂囲肛節（背面）。♂は肛上片上に低い隆起がある

♀囲肛節（背面）。肛上片の背面は平滑で隆起はない

中齢幼虫（10.3 mm）

中齢幼虫（21.2 mm）

亜終齢幼虫（30.6 mm）

終齢幼虫（42-51 mm）

オニヤンマ
Anotogaster sieboldii
(Selys, 1854)

分 北海道、本州、四国、九州、南西諸島（沖縄島以北）、朝鮮半島、中国。**環** 平地〜山地の、樹林に近い河川上〜中流域や小川、用水路など。**生** 3〜4年1世代。幼虫越冬。幼虫は砂泥中に浅く潜って生活する。

頭部は角ばり、複眼が小さい

触角は細い糸状で7節

翅芽は「八」の字状に開く

側棘は第8・9腹節にあるが目立たない

原産卵弁は大きく、第9腹節の後縁を超える

終齢幼虫（42-51 mm）

コラム 「羽化殻」の標本を作ろう ①

　体に水分を多く含むヤゴの標本は、いわゆる「アルコール漬け（液浸）」にして保存します。普通はエチルアルコール（エタノール）が使用されますが、濃度の加減が難しく、高すぎると硬直し破損しやすくなる一方、低いとぶよぶよと膨れてしまうので、通常は、85〜90％程度が良いようです。いずれにせよ、液浸標本は、体の特徴を観察するには面倒です。それに比べると、「羽化殻」の乾燥標本は取り扱いも楽で、ヤゴの形態を観察するには、入門編と言えるでしょう。ここでは、筆者（川島）が行っている方法を紹介します。

　水辺で採集してきた羽化殻はこれまで、フィルムケースなど容器に入れた状態のままで保存されることが多かったのですが、やはり、見たい角度を固定しやすい「針刺し」の標本としたほうが、観察には便利です。また、長年、容器の中で転げているうち、爪や附節などが破損しやすくなりがちです。通常の昆虫標本のように、「針の頭」という持ち手を確保しつつ、もろい虫体を空中に浮かせて保持するという、何世紀も受け継がれてきた利点を活用しない手はありません。針は、虫体に直接刺すことはできますが、そのままではくるくると回転してしまうので、腹板に突き出た箇所を、木工用ボンドをつけ軽く固定する必要があります。しかし、腹部の正中線に、特徴的な背棘が生える種類も多いことから、筆者は、厚紙を使った「台紙貼り」の標本としています。せっかく針刺し標本を作るのですから、台紙に貼る前にきれいに脚を整え、見栄えもよいものに仕上げることをおすすめします。（川島逸郎）

針刺しとした上でラベルをつけ、種ごとに分類した羽化殻標本。
アオヤンマ（左上）、ネアカヨシヤンマ（中央）、カトリヤンマ（右）

エゾトンボ科

止水域(池沼・湿地など)または小河川に生息する。やや扁平で太短く、脚が長い。7節の触角、さじ状の下唇や直腸鰓をそなえる。中齢以降は、♂では第2・3腹節腹板に原副交尾器が、♀では第9腹節に原産卵弁が現れることで雌雄の区別が可能。日本には4属13種(未掲載の2種は北海道、3種は南西諸島)が分布する。

識別のポイント

- エゾトンボ科はトンボ科とも似るが、脚がより長く、左右のアゴの境界のギザギザが目立つ。
- カラカネトンボとホソミモリトンボは背棘がない。
- トラフトンボとオオトラフトンボは第6腹節以降の背棘が幅広く、頭部の後頭片に突起がある。
- タカネトンボ、モリトンボ、エゾトンボ、ハネビロエゾトンボは背棘が細く刺状。モリトンボは岩手県以北に分布。他の3種は背棘の形などで区別する。

エゾトンボ科(左・タカネトンボ)は、左右のアゴの境界のギザギザが目立つが、トンボ科(右・ネキトンボ)では目立たない種が多い

■ 雌雄の見分け方

♂第2・3腹節(腹面)。♂は第2・3腹節腹板に原副交尾器がある

♀第2・3腹節(腹面)。第2・3腹節腹板は平滑で原副交尾器はない

エゾトンボ科

トラフトンボとオオトラフトンボは、頭部の後頭片に1対の円錐状の突起がある

頭部の後頭片に1対の円錐状の突起がある

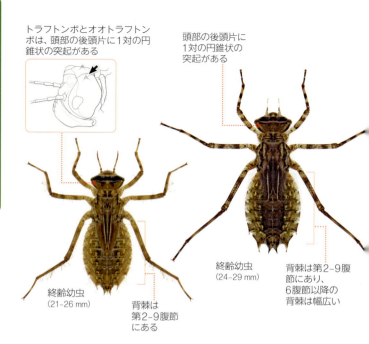

終齢幼虫 (21-26 mm)

背棘は第2-9腹節にある

終齢幼虫 (24-29 mm)

背棘は第2-9腹節にあり、6腹節以降の背棘は幅広い

トンボ科のコフキトンボ(p.110)にも似るが、腹部背棘は稜線状にはならず丸みがある

背棘は、後方のものでは前後に長く、その上部は直線状で丸みがない

トラフトンボ
Epitheca marginata
(Selys, 1883)

分 本州、四国、九州、朝鮮半島、中国。環 平地〜丘陵地の、抽水、浮葉植物の繁茂する池沼。生 1年1世代。幼虫越冬。

オオトラフトンボ
Epitheca bimaculata
(Charpentier, 1825)

分 北海道、本州（長野県以東）、中国、ロシア、ヨーロッパ。環 平地〜山地の、抽水植物が繁茂し開放水面のある池沼や湖。生 1〜3年1世代。幼虫越冬。

■トラフトンボ・オオトラフトンボの側棘

トラフトンボ — 側棘は第8・9腹節にあるが、第9腹節では短く、先端は肛側片先端に届かない

オオトラフトンボ — 側棘は第8・9腹節にあるが、第9腹節では長く、先端は肛側片先端に届くか、わずかに超える

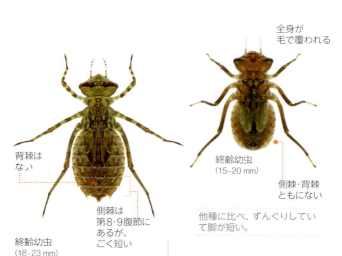

背棘はない

側棘は第8・9腹節にあるに、ごく短い

終齢幼虫 (18–23 mm)

全身が毛で覆われる

終齢幼虫 (15–20 mm)

側棘・背棘ともにない

他種に比べ、ずんぐりしていて脚が短い。

カラカネトンボ
Cordulia amurensis
Selys, 1887

分 北海道、本州（福井県以東）、朝鮮半島、ロシア。環 山地〜高原の、樹林に囲まれた池沼や池塘。生 2〜3年1世代。幼虫越冬。

ホソミモリトンボ
Somatochlora arctica
(Zetterstedt, 1840)

分 北海道、本州（中部山岳地域）、朝鮮半島、中国、ロシア、ヨーロッパ。環 平地〜山地の、ミズゴケなどが繁茂する湿地や高層湿原。生 3〜4年1世代。幼虫越冬。

エゾトンボ科

背棘は基本的に第3-9腹節にある（時に第2腹節にも小さな背棘）

終齢幼虫 (20-25 mm)

側棘は第8・9腹節にある

背棘は基本的に第4-9腹節にある（時に第3腹節にも小さな背棘）

終齢幼虫 (17-23 mm)

側棘は第8・9腹節にある

タカネトンボとモリトンボは酷似しており区別は難しいが、タカネトンボでは、翅芽に隠れた第2腹節にも微小な背棘が生えることがある。

背棘（特に後方の節）は後方へ湾曲し、あまり立ち上がらない

タカネトンボ
Somatochlora uchidai
Förster, 1909

分 北海道、本州、四国、九州、中国。**環** 丘陵地〜山地の、樹林に囲まれた池沼。**生** 2〜3年1世代。幼虫越冬。

背棘（特に後方の節）は後方へ湾曲し、あまり立ち上がらない

モリトンボ
Somatochlora graeseri
Selys, 1887

分 北海道、本州（青森県・岩手県）、朝鮮半島、ロシア。**環** 平地〜山地の、樹林に囲まれた池沼。**生** 2〜3年1世代。幼虫越冬。

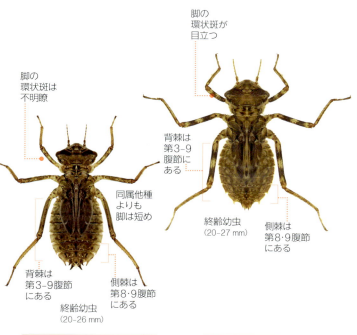

脚の環状斑は不明瞭

同属他種よりも脚は短め

背棘は第3-9腹節にある

側棘は第8・9腹節にある

終齢幼虫 (20-26 mm)

脚の環状斑が目立つ

背棘は第3-9腹節にある

終齢幼虫 (20-27 mm)

側棘は第8・9腹節にある

背棘（特に後方の節）は近縁種よりも細長く、立ち上がるか後方へ直線状に伸びる

エゾトンボ
Somatochlora viridiaenea
(Uhler, 1858)

🟢分 北海道、本州、四国、九州、朝鮮半島、中国、ロシア。🟠環 平地〜山地の、樹林に近い湿地や放棄水田など。🟢生 1〜3年1世代。幼虫越冬。

背棘（特に後方の節）はほとんど湾曲せずに立ち上がり、先端は後上方を向く

ハネビロエゾトンボ
Somatochlora clavata
Oguma, 1913

🟢分 北海道、本州、四国、九州、朝鮮半島。🟠環 平地〜山地の、樹林に近い流れの緩やかな小川、用水路。🟢生 1〜3年1世代。幼虫越冬。

■ エゾトンボ科終齢幼虫の側棘

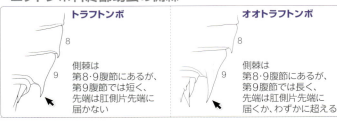

トラフトンボ
側棘は
第8・9腹節にあるが、
第9腹節では短く、
先端は肛側片先端に
届かない

オオトラフトンボ
側棘は
第8・9腹節にあるが、
第9腹節では長く、
先端は肛側片先端に
届くか、わずかに超える

■ エゾトンボ科終齢幼虫の背棘

トラフトンボ
腹部背棘は
稜線状にはならず丸みがある

オオトラフトンボ
背棘は、後方のものでは前後に長く、
その上部は直線状で丸みがない

タカネトンボ
背棘(特に後方の節)は
後方へ湾曲し、あまり立ち上がらない

モリトンボ
背棘(特に後方の節)は
後方へ湾曲し、あまり立ち上がらない

エゾトンボ
背棘(特に後方の節)は
近縁種よりも細長く、立ち上がるか
後方へ直線状に伸びる

ハネビロエゾトンボ
背棘(特に後方の節)は
ほとんど湾曲せずに立ち上がり、
先端は後上方を向く

■ エゾトンボ科中齢〜亜終齢幼虫

※一見、トンボ科に似ているが、体(腹部)は短く脚が長め。

タカネトンボ
亜終齢幼虫
(15.5 mm)

エゾトンボ
中齢幼虫
(10.1 mm)

ハネビロエゾトンボ
亜終齢幼虫
(14 mm)

ヤマトンボ科

流水域（河川上流〜下流など）や、池沼や湖に生息する。体は短く扁平で、7節の触角、さじ状の下唇や直腸鰓をそなえる。長大な脚をもつため、一見クモのようにも見える。中齢以降は、♂では第3腹節腹板に原副交尾器が、♀では第9腹節に原産卵弁が現れることで雌雄の区別が可能。日本には2属6種（未掲載の3種は南西諸島）が分布する。

- 非常に長い脚と扁平な体形でクモのような外見を持つ。
- コヤマトンボとキイロヤマトンボは、前額の中央に突起がある。キイロヤマトンボは、渦状の模様が目立つ。
- オオヤマトンボは頭部前面が平らで下唇のギザギザが非常に目立つ。

■ **雌雄の見分け方**

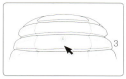 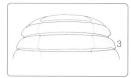

♂第3腹節（腹面）。♂は第3腹節腹板に原副交尾器がある

♀第3腹節（腹面）。第3腹節腹板は平滑で原生殖器はない

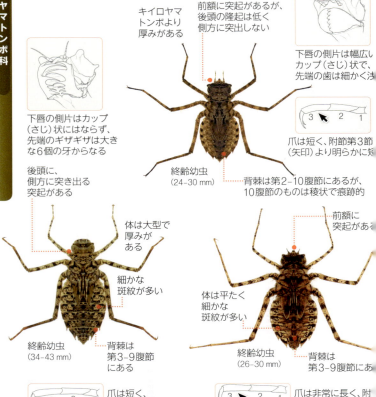

ヤマトンボ科

オオヤマトンボ
Epophthalmia elegans
(Brauer, 1865)

分 北海道、本州、四国、九州、朝鮮半島、台湾、中国、ロシア（極東）、フィリピン。環 平地〜丘陵地の、開放水面のある池沼や大湖、河川のワンドなど。生 2〜3年1世代。幼虫越冬。

コヤマトンボ
Macromia amphigena
Selys, 1871

分 北海道、本州、四国、九州、朝鮮半島、中国、ロシア。環 平地〜山地の、樹林に近い河川上〜中流域、湖沼。生 2〜4年1世代。幼虫越冬。

キイロヤマトンボ
Macromia daimoji
Okumura, 1949

分 本州、九州、朝鮮半島、台湾、中国、ロシア（極東）、東南アジア。環 平地〜丘陵地の、樹林に近い砂底の河川中〜下流域。生 2〜3年1世代。幼虫越冬。

■ ヤマトンボ科中齢幼虫

※終齢と同じく、脚が非常に長い。若齢ほど複眼の突出が目立つ。

オオヤマトンボ

中齢幼虫
(14.2 mm)

体に細かな斑紋が多くキイロヤマトンボに似るが、爪は短い。終齢と同様に、後頭に突起がある

コヤマトンボの終齢幼虫。川底に堆積した落ち葉などに隠れ、エサとなる生き物を待ち伏せる

コヤマトンボ

中齢幼虫
(9.5 mm)

キイロヤマトンボよりも体の厚みがあり、細かな体斑は目立たない

中齢幼虫
(18.2 mm)

キイロヤマトンボ

中齢幼虫
(10.9 mm)

コヤマトンボよりも体が薄く、体に細かな斑紋が多い

中齢幼虫
(14 mm)

キイロヤマトンボ（右）では、コヤマトンボに比べて渦状の模様が目立つ。

コラム 「羽化殻」の標本を作ろう ②

　展脚というと、しばしば「殻も展脚できるのですか？」と聞かれるのですが、ヤゴの羽化殻も、いくらかの例外を除いて、軟化した上での展脚ができます。その利点は、ただ見栄えがよいだけでなく、パーツの重なりを減らし、その観察を行いやすくすることにもあります。また、面積をコンパクトにし、他の標本と引っかけての破損を避けやすい、といった利点もあります。

　「軟化」にはお湯を用いますが、どっぷりと漬け込む必要はなく、成虫が羽脱した孔から、内部にお湯が入らないように浮かべるだけで十分です（その分、乾燥も早い）。数分もすれば脚などの関節膜質部がやわらかくなるので、指先やピンセットを用いてよく動かし、または回転させておきます。また、ヤゴは下唇の内側を観察することが多いので、後で観察が必要になりそうな場合、この時点で頭部から切り離しておきます。翅の位置を正しつつ、羽化脱出孔もふさぐ形に整えてもよいのですが、トンボ科のように、腹部背棘の観察が必要なグループでは行わないほうがいいでしょう。翅の位置を戻すことで、かえって背棘が見えなくなってしまいます。

　こうした下準備が完了すれば、いよいよ、ポリフォーム（ペフ）板の上で展脚開始です。中脚の前あたりで、2本の針を交差させて翅胸を固定したのち、ピンセットで、脚の向きや角度を調整していきます。調整しつつ、多くの針を使って、よい角度を固定していきます。その際、生きた状態と同じように、中脚は前方を向け、後脚は後方へ向けると自然な姿となるでしょう。軟化するとき、内部にお湯が入らないようにすれば、この状態で一昼夜も置くだけで、十分に乾燥します。（川島逸郎）

軟化：熱湯に浮かべれば、数分でやわらかくなります

※マルタンヤンマの例

展脚：多くの針を使って、姿勢を調整します

トンボ科

止水域(池沼・水田・湿地など)、一部の種はゆるやかな流水域に生息する。体は太短く、7節の触角、さじ状の下唇や直腸鰓をそなえる。中齢以降は、第9腹節腹面の着色パターンの違いや、♂の第3腹節腹板に原副交尾器が現れることで雌雄の区別ができる。日本には25属69種(未掲載の2種は北海道、18種は南西諸島、1種は対馬、2種は小笠原諸島、9種は海外からの飛来種)が記録。

識別のポイント

- 種の区別は、分布域、生息環境、体形、背棘や側棘の位置、数、形状などで総合的に判断する。
- シオカラトンボ、ショウジョウトンボ、スナアカネ、ハッチョウトンボは背棘がない。
- ウスバキトンボは背棘が第2-4腹節にあるが目立たない。

■ 雌雄の見分け方

♂腹部前方節(腹面)。第3腹節腹板に原副交尾器がある

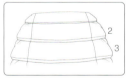

♀腹部前方節(腹面)。第3腹節腹板は平滑で原副交尾器はない

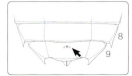

♂腹部先端(腹面)。第9腹節腹板に原生殖孔がある

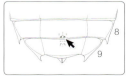

♀腹部先端(腹面)。第8または第9腹節腹板に原生殖孔が透けて見える

● トンボ科

ナツアカネ・マダラナニワトンボ・ナニワトンボ・リスアカネ・ノシメトンボは、酷似しており同定は難しいが、下唇の斑紋が参考になる。

ナツアカネの下唇側片。やや斑紋のある個体(左)と目立たない個体(右)

ノシメトンボの下唇側片の斑紋は目立つ

下唇側片の斑紋は明瞭

下唇側片の斑紋は目立たないことが多い

下唇側片の斑紋は目立たない

終齢幼虫
(15–17 mm)

終齢幼虫
(15–18 mm)

終齢幼虫
(15–17 mm)

マダラナニワトンボとナニワトンボは、近縁種より小型で分布が限られる。

側棘は第8・9腹節にあり、8腹節の側棘の先端は、9腹節の後縁を超える。側棘は、各腹節の約1.5倍

側棘は第8・9腹節にあり、8腹節の側棘の先端は、9腹節の後縁を超える。側棘はナツアカネやナニワトンボより細長く、各腹節の約2倍

側棘は第8・9腹節にあり、8腹節の側棘の先端は、9腹節の後縁を超える。側棘は、各腹節の約1.5倍

背棘は第4–8腹節にある

背棘は第4–8腹節にある

背棘は第4–8腹節にある

ナツアカネ
Sympetrum darwinianum
(Selys, 1883)

🔵分 北海道、本州、四国、九州、南西諸島(奄美以北)、朝鮮半島、中国、ロシア(極東)。環 平地〜山地の、池沼や湿地、湿田など。生 1年1世代。卵越冬。

マダラナニワトンボ
Sympetrum maculatum
Oguma, 1915

🔵分 本州(局所的)(日本固有種)。環 平地〜丘陵地の、樹林に囲まれ、遠浅で水生植物の豊かな池沼や湿原。生 1年1世代。卵越冬。

ナニワトンボ
Sympetrum gracile
Oguma, 1915

🔵分 本州、四国(いずれも瀬戸内海周辺)(日本固有種)。環 平地〜丘陵地の、樹林に囲まれ、秋に岸辺が露出する用水池などの池沼。生 1年1世代。卵越冬。

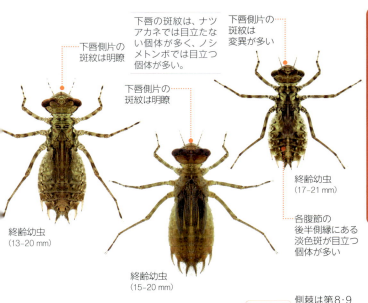

下唇側片の斑紋は明瞭

下唇の斑紋は、ナツアカネでは目立たない個体が多く、ノシメトンボでは目立つ個体が多い。

下唇側片の斑紋は変異が多い

下唇側片の斑紋は明瞭

終齢幼虫
(13–20 mm)

終齢幼虫
(15–20 mm)

終齢幼虫
(17–21 mm)

各腹節の後半側縁にある淡色斑が目立つ個体が多い

● トンボ科

側棘は第8・9腹節にあり、8腹節の側棘の先端は、9腹節の後縁を超える。側棘は、各腹節の約1.5倍以上

背棘は第4–8腹節にある

リスアカネ
Sympetrum risi
Bartenev, 1914

🔵分 北海道、本州、四国、九州、朝鮮半島、中国、ロシア（極東）。🔵環 平地〜山地の、樹林に囲まれ、夏〜秋に岸辺が露出する池沼など。🔵生 1年1世代。卵越冬。

側棘は第8・9腹節にあり、8腹節の側棘の先端は、9腹節の後縁を超える。側棘は、各腹節の約1.5倍以上

背棘は第4–8腹節にある

ノシメトンボ
Sympetrum infuscatum
(Selys, 1883)

🔵分 北海道、本州、四国、九州、朝鮮半島、中国、ロシア（極東）。🔵環 平地〜山地の、池沼や湿地、水田など。🔵生 1年1世代。卵越冬。

側棘は第8・9腹節にある。8腹節の側棘は変異があり、先端は9腹節の後縁に届かない個体が多い

背棘は変異に富み、第4–7または第8腹節にあるものからまったくない個体までいる

ネキトンボ
Sympetrum speciosum
Oguma, 1915

🔵分 本州、四国、九州、朝鮮半島、台湾、中国、ベトナム、ネパール。🔵環 平地〜山地の、樹林に囲まれた池沼や、人工のプール。🔵生 1年1〜2世代。幼虫越冬。

● トンボ科

キトンボ・オオキトンボは背棘が第9腹節にもある。他のアカネより背棘が大きく、湾曲も強い。

下唇側片の斑紋は大きめ

下唇側片には細かな斑紋がある

下唇前基節は幅広く、側片の斑紋は比較的明瞭

終齢幼虫 (18–24 mm)

終齢幼虫 (17–21 mm)

終齢幼虫 (12–17 mm)

側棘は第8・9腹節にあるが、8腹節の側棘の先端は、9腹節の後縁に届かない

側棘は第8・9腹節にあるが、8腹節の側棘の先端は、9腹節の後縁に届かない

側棘は第8・9腹節にあるが短小。9腹節の側棘は、その節の半分以下の長さ

背棘は第4–9腹節にあり、大きく明瞭

背棘は第4–9腹節にあり、大きく明瞭

背棘は第4–8腹節にある

キトンボ
Sympetrum croceolum (Selys, 1883)

分 北海道、本州、四国、九州、朝鮮半島、中国、ロシア。環 平地〜丘陵地の、岸辺が露出し、水の透明度の高い池沼や河川敷の水たまりなど。生 1年1世代。卵越冬。

オオキトンボ
Sympetrum uniforme (Selys, 1883)

分 北海道、本州、四国、九州、朝鮮半島、中国、ロシア（極東）。環 平地〜丘陵地の、抽水植物が繁茂、遠浅で岸辺が露出し、水の透明度が高い池沼など。生 1年1世代。卵越冬。

ミヤマアカネ
Sympetrum pedemontanum (Müller in Allioni, 1766)

分 北海道、本州、四国、九州、朝鮮半島、中国、ロシア、ヨーロッパ。環 平地〜山地の、ゆるやかな流れや用水路、湿田、河川敷の水たまりなど。生 1年1世代。卵越冬。

下唇側片の斑紋は比較的明瞭

終齢幼虫
(13–17 mm)

下唇側片に細かな斑紋がある

終齢幼虫
(11–14 mm)

下唇側片に細かな斑紋がある

終齢幼虫
(12–16 mm)

側棘は第8・9腹節にあるが短小。8腹節の側棘の先端は、9腹節の半ばに達しない。8腹節の側棘はマイコアカネより短く、その節の0.5倍以下が多い。9腹節の側棘は、その節とほぼ同長

側棘は第8・9腹節にあるがごく短い。9腹節の側棘は、その節の半分以下の長さ

側棘は第8・9腹節にあるが短小。8腹節の側棘の先端は、9腹節の半ばに達する個体がいる。8腹節の側棘はマユタテアカネより長く、その節の0.5倍以上が多い。9腹節の側棘は、その節とほぼ同長かやや短い

背棘は第4–8腹節にある

背棘は第4–8腹節にある

背棘は第4–8腹節にある

マユタテアカネ
Sympetrum eroticum
(Selys, 1883)

分 北海道、本州、四国、九州、朝鮮半島、台湾、中国、ロシア（極東）。環 平地～山地の、樹林に近い池沼や湿地、湿田、河川敷の水たまりなど。生 1年1世代。卵越冬。

ヒメアカネ
Sympetrum parvulum
(Bartenev, 1913)

分 北海道、本州、四国、九州、朝鮮半島、中国、ロシア（極東）。環 平地～山地の、樹林に近く湿性植物の密生する湿地や放棄水田。生 1年1世代。卵越冬。

マイコアカネ
Sympetrum kunckeli
(Selys, 1884)

分 北海道、本州、四国、九州、朝鮮半島、中国、ロシア（極東）。環 平地～丘陵地の、抽水植物の繁茂する池沼や湿地、水田や河川敷の水たまり。生 1年1世代。卵越冬。

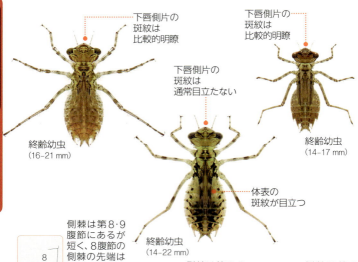

下唇側片の斑紋は比較的明瞭

終齢幼虫（16–21 mm）

下唇側片の斑紋は通常目立たない

下唇側片の斑紋は比較的明瞭

終齢幼虫（14–17 mm）

体表の斑紋が目立つ

終齢幼虫（14–22 mm）

側棘は第8・9腹節にあるが短く、8腹節の側棘の先端は9腹節の後縁に届かない。9腹節の側棘は、その節とほぼ同長

背棘は第4–8腹節にあるが変異があり、縮小あるいは欠く個体もいる

タイリクアカネ
Sympetrum striolatum
(Charpentier, 1840)

🔵分 北海道、本州（関東地方～愛知県を除く）、四国、九州（屋久島を含む）、朝鮮半島、中国、ロシア、ヨーロッパ。🟢環 平地の、開放的な池沼や汽水域、人工のプールなど。🟣生 1年1世代。北日本では卵、西日本では幼虫越冬。

側棘は第8・9腹節にあるが短く、8腹節の側棘の先端は、9腹節の後縁に届かない。9腹節の側棘は、その節とほぼ同長

背棘は第4–7または第8腹節にあるが変異が大きく、欠く個体もいる

コノシメトンボ
Sympetrum baccha
(Selys, 1884)

🔵分 北海道、本州、四国、九州、朝鮮半島、台湾、中国、ロシア（極東）。🟢環 平地～山地の、開放的な池沼や水田、人工のプールなど。🟣生 1年1世代。卵越冬。

側棘は第8・9腹節にある。8腹節の側棘は短く、先端は9腹節の後縁に届かない。8腹節の側棘は短く、その節の0.5倍以下

背棘は第4–8腹節にある

オナガアカネ
Sympetrum cordulegaster
(Selys, 1883)

🔵分 （北海道・本州・四国・九州・南西諸島）、朝鮮半島、台湾、中国、ロシア（極東）。🟢環 平地の、抽水植物の繁茂する池沼や湿地など。🟣生 1年1世代。卵越冬。

下唇側片の斑紋は変異が多い

終齢幼虫
(13–15 mm)

下唇側片の斑紋は変異が多い

終齢幼虫
(15–20 mm)

下唇側片の斑紋は変異が多い

終齢幼虫
(12–14 mm)

側棘は第8・9腹節にあり、8腹節の側棘の先端は9腹節の後縁に届く

側棘は第8・9腹節にあり、8腹節の側棘の先端は9腹節の後縁に届く

側棘は第8・9腹節にあるがごく短く、各腹節の半分長にも満たない

背棘は第4–8腹節にある

背棘は第4–8腹節にある

背棘は第5–7腹節にある

アキアカネ
Sympetrum frequens
(Selys, 1883)

分 北海道、本州、四国、九州、朝鮮半島、中国、ロシア（極東）。環 平地～山地の、池沼や湿地、水田など。生 1年1世代。卵越冬。

タイリクアキアカネ
Sympetrum depressiusculum
(Selys, 1841)

分 （北海道・本州・四国・九州・南西諸島）、朝鮮半島、台湾、中国、ロシア、ヨーロッパ。環 平地の、抽水植物の繁茂する開放的な湿地、水田など。生 1年1世代。卵越冬。

ムツアカネ
Sympetrum danae
(Sulzer, 1776)

分 北海道、本州（岐阜県以東）、アジア、ロシア、ヨーロッパ、北アメリカ。環 周囲に樹林のある池沼や高層湿原。生 1年1世代。卵越冬。

●トンボ科

腹部腹面に黒色の帯状紋がある（北海道では目立たない個体もいる）

背棘は第3-7または8腹節にある

終齢幼虫（16-21 mm）

下唇側片の斑紋は変異が多い

側棘は第8・9腹節にあり短い（北海道では、各々の腹節と同長の個体もいる）

側棘は第8・9腹節にあるが、小さくて目立たない

背棘がない

終齢幼虫（18-23 mm）

終齢幼虫（16-17 mm）

外形は一見アカネ属に似ているが、背棘がなく側棘も目立たない

側棘は第8・9腹節にあるが、非常に短く目立たない

カオジロトンボ幼虫腹面には、3本の黒条が目立つことが多い

腹節に背棘はまったくない

スナアカネ
Sympetrum fonscolombii (Selys, 1840)

分 （北海道・本州・四国・九州・南西諸島）、アジア、ロシア、ヨーロッパ、アフリカ。環 平地～丘陵地の、丈の低い植物がまばらに生えた開放的な池沼など。生 1年1～2世代。幼虫越冬。

カオジロトンボ
Leucorrhinia dubia (Vander Linden, 1825)

分 北海道、本州（福井県以東）、朝鮮半島、中国、ロシア、ヨーロッパ。環 高原の、開放的な池塘。生 2年1世代。幼虫越冬。

ショウジョウトンボ
Crocothemis servilia (Drury, 1773)

分 北海道、本州、四国、九州、南西諸島、アジア、アフリカ、（北アメリカ・ハワイ）。環 平地～丘陵地の、開放的な池沼や湿地など。生 1年1～多世代。幼虫越冬。

アオビタイトンボ

Brachydiplax chalybea
Brauer, 1868

分 本州（山口県）、（四国）、九州、朝鮮半島、台湾、中国、東南アジア、インド。環 平地〜丘陵地の、抽水植物が繁茂する池沼や湿地など。生 1年1〜多世代。幼虫越冬。

ベニトンボ

Trithemis aurora
(Burmeister, 1839)

分 本州（紀伊半島）、四国、九州、台湾、中国、東南アジア、インド。環 平地〜丘陵地の、水の透明度の高い池沼やダム湖、河川の淀みなど。生 1年1〜多世代。幼虫越冬。

ハッチョウトンボ

Nannophya pygmaea
Rambur, 1842

分 本州、四国、九州、朝鮮半島、台湾、中国、東南アジア、オセアニア。環 平地〜丘陵地の、丈の低い植物が生える湿地や草原、放棄水田など。生 1年1〜2世代。幼虫越冬。

コシアキトンボにやや似るが、本種のほうが頭部が小さく脚が長い。トラフトンボ (p. 92) にも似るが、本種は背棘が (前後に長い) 稜状になること、後頭片に突起がないことで見分けられる。

トラフトンボの背棘

全体的にやや幅広く、外皮が硬い
頭部は五角形状
脚はやや短め
側棘は第8・9腹節にあり、やや長い
終齢幼虫
(18–24 mm)

頭部は小さく角ばる
終齢幼虫
(20–23 mm)
側棘は第8・9腹節にある

頭部は小さめ
背棘は第3–10腹節にあり稜状
羽化殻
(18–21 mm)
側棘は第8・9腹節にあるが、小さく目立たない
囲肛節が大きく突き出て目立つ

コシアキトンボは、コフキトンボに比べ頭部が大きく脚が短い。また、黒っぽい個体が多い。

背棘は第2–10腹節にあるが、第10腹節の背棘は目立たない。腹節の背棘は円く湾曲する（下拡大図）

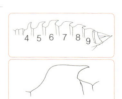

背棘は第4–9腹節にあり、コシアキトンボのように湾曲せず、前後に長い稜状（下拡大図）

コシアキトンボ
Pseudothemis zonata
(Burmeister, 1839)

分 北海道、本州、四国、九州、南西諸島、朝鮮半島、台湾、中国、ベトナム。**環** 平地〜丘陵地の、樹林に囲まれた池沼や河川のよどみなど。**生** 1年1世代。幼虫越冬。

コフキトンボ
Deielia phaon
(Selys, 1883)

分 本州、四国、九州、南西諸島、朝鮮半島、台湾、中国、ロシア（極東）。**環** 平地〜丘陵地の、抽水植物が繁茂する、開放的な池沼や河川のよどみ。**生** 1年1〜2世代。幼虫越冬。

アメイロトンボ
Tholymis tillarga
(Fabricius, 1798)

分 （本州・四国・九州）、南西諸島、台湾、中国、東南アジア、アフリカ、オセアニア。**環** 平地の、水面の開けた池沼や水路など。**生** 1年多世代。

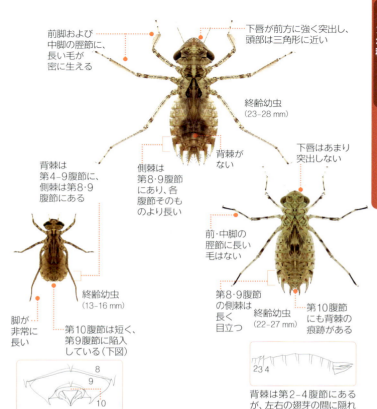

チョウトンボ
Rhyothemis fuliginosa
Selys, 1883

分 (北海道)、本州、四国、九州、朝鮮半島、台湾、中国。環 平地〜丘陵地の、抽水、浮葉植物の繁茂する池沼や河川のよどみなど。生 1年1世代。幼虫越冬。

ハネビロトンボ
Tramea virginia
(Rambur, 1842)

分 (本州)、四国、九州、南西諸島、朝鮮半島、台湾、中国、東南アジア。環 平地〜丘陵地の、水の透明度が高く沈水植物が繁茂する、開放的な池沼やダム湖。生 1年多世代。幼虫越冬。

ウスバキトンボ
Pantala flavescens
(Fabricius, 1798)

分 北海道、本州、四国、九州、小笠原諸島、南西諸島、世界中の熱帯・温帯地域。環 平地〜山地の、水田や一時的な水たまり、プールなどの人工池。生 1年多世代。日本では南西諸島を除き越冬できない。

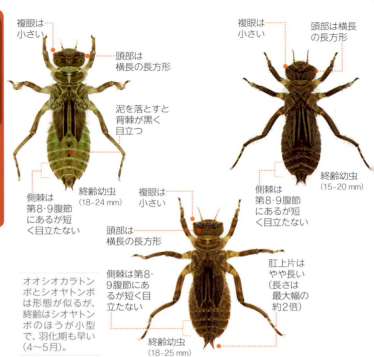

複眼は小さい / 頭部は横長の長方形 / 泥を落とすと背棘が黒く目立つ / 側棘は第8・9腹節にあるが短く目立たない / 終齢幼虫 (18–24 mm)

複眼は小さい / 頭部は横長の長方形 / 側棘は第8・9腹節にあるが短く目立たない / 終齢幼虫 (15–20 mm)

複眼は小さい / 頭部は横長の長方形 / 側棘は第8・9腹節にあるが短く目立たない / 肛上片はやや長い（長さは最大幅の約2倍） / 終齢幼虫 (18–25 mm)

オオシオカラトンボとシオヤトンボは形態が似るが、終齢はシオヤトンボのほうが小型で、羽化期も早い（4〜5月）。

背棘は第4–7腹節にある（付着した泥を除去して確認する）

腹節に背棘はまったくない（付着した泥を除去して確認する）

背棘は第4–7腹節にある（付着した泥を除去して確認する）

オオシオカラトンボ
Orthetrum melania
(Selys, 1883)

分 北海道、本州、四国、九州、南西諸島、朝鮮半島、台湾、中国、ベトナム。環 平地〜丘陵地の、樹林に近い池沼や湿地、湿田など。生 1年多世代。幼虫越冬。

シオカラトンボ
Orthetrum albistylum
(Selys, 1848)

分 北海道、本州、四国、九州、南西諸島、朝鮮半島、台湾、中国、ロシア、ヨーロッパ。環 平地〜山地の、池沼や湿地、水田、河川のよどみなど。生 1年多世代。幼虫越冬。

シオヤトンボ
Orthetrum japonicum
(Uhler, 1858)

分 北海道、本州、四国、九州（日本固有種）。環 平地〜丘陵地の、樹林に近く浅い湿地や水たまり、湿田。生 1年1世代。幼虫越冬。

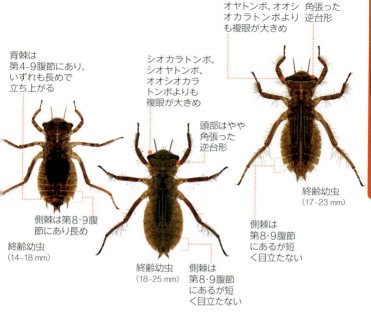

背棘は第4–9腹節にあり、いずれも長めで立ち上がる

シオカラトンボ、シオヤトンボ、オオシオカラトンボよりも複眼が大きめ

シオカラトンボ、シオヤトンボ、オオシオカラトンボよりも複眼が大きめ

頭部はやや角張った逆台形

頭部はやや角張った逆台形

● トンボ科

終齢幼虫（14–18 mm）

側棘は第8・9腹節にあり長め

終齢幼虫（18–25 mm）

側棘は第8・9腹節にあるが短く目立たない

終齢幼虫（17–23 mm）

側棘は第8・9腹節にあるが短く目立たない

背棘は第4–9腹節にあり、いずれも長めで立ち上がる

背棘は第3–8腹節にある（第9腹節にはない）

背棘は第3–9腹節にある

ハラビロトンボ
Lyriothemis pachygastra
(Selys, 1878)

🔵 北海道、本州、四国、九州、朝鮮半島、中国、ロシア（極東）。平地～丘陵地の、抽水植物の繁茂する浅い池や湿地、放棄水田。生 1～2年1世代。幼虫越冬。

ヨツボシトンボ
Libellula quadrimaculata
Linnaeus, 1758

🔵 北海道、本州、四国、九州、朝鮮半島、中国、ロシア、ヨーロッパ、北アメリカ。平地～丘陵地の、抽水植物が繁茂する池沼や湿地、放棄水田。生 1～2年1世代。幼虫越冬。

ベッコウトンボ
Libellula angelina
Selys, 1883

🔵 本州、四国、九州、朝鮮半島、中国。平地～丘陵地の、ガマなど抽水植物が繁茂し、所々に開放水面がある池沼。生 1年1世代。幼虫越冬。

■トンボ科終齢幼虫の腹部背棘

ナツアカネ
背棘は第4–8腹節にある

マダラナニワトンボ
背棘は第4–8腹節にある

リスアカネ
背棘は第4–8腹節にある

ノシメトンボ
背棘は第4–8腹節にある

ナニワトンボ
背棘は第4–8腹節にある

ネキトンボ
第4–7または第8腹節にあるものからまったくない個体までいる

キトンボ
背棘は第4–9腹節にあり、大きく明瞭

オオキトンボ
背棘は第4–9腹節にあり、大きく明瞭

ミヤマアカネ
背棘は第4–8腹節にある

マユタテアカネ
背棘は第4–8腹節にある

ヒメアカネ
背棘は第4–8腹節にある

マイコアカネ
背棘は第4–8腹節にある

タイリクアカネ
背棘は第4–8腹節にあるが変異があり、縮小あるいは欠く個体もいる

コノシメトンボ
背棘は第4–7または第8腹節にあるが変異が大きく、欠く個体もいる

オナガアカネ
背棘は第4–8腹節にある

アキアカネ
背棘は第4–8腹節にある

タイリクアキアカネ
背棘は第4–8腹節にある

ムツアカネ
背棘は第5–7腹節にある

トンボ科

ショウジョウトンボ

背棘はまったくない

ウスバキトンボ

背棘は第2-4腹節にあるが、左右の翅芽の間に隠れて目立たない

シオヤトンボ
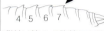
背棘は第4-7腹節にある

ハラビロトンボ

背棘は第4-9腹節にあり、いずれも長めで立ち上がる

コシアキトンボ

背棘は第2-10腹節にあるが、10腹節の背棘は目立たない。腹節の背棘は円く湾曲する

オオシオカラトンボ

背棘は第4-7腹節にある

ヨツボシトンボ

背棘は第3-8腹節にある（第9腹節にはない）

コフキトンボ

背棘は第4-9腹節にあり、コシアキトンボのように湾曲せず、前後に長い稜状

シオカラトンボ

背棘はまったくない

ベッコウトンボ

背棘は第3-9腹節にある

コラム　宮島のみに生息するミヤジマトンボ *Orthetrum poecilops* Ris, 1919

細身のシオカラトンボ属で、九州から南西諸島に分布するハラボソトンボに似るが、成熟♂は腹部を中心に白粉を吹くほか、尾部付属器や♀の産卵弁の形状が異なる。中国南部に分布し、国内では別亜種（*miyajimaense* Yuki & Doi, 1938）が広島県宮島（厳島）に隔離分布するが、DNA解析によれば遺伝的に明瞭な差異は見られない。幼虫は腹部背棘が発達し、同属種とは明らかに異なる。広島県の条例で「特定野生生物種」に指定されるなど、厳重に保護されている。（川島逸郎）

- 複眼は小さい
- 側棘は第8・9腹節にあるが短く目立たない
- 頭部は横長の長方形
- 終齢幼虫（16-21 mm）

背棘は大きく第2-9腹節にあり、鉤状に湾曲する

■ アカネ属終齢幼虫の腹部（第8・9節）側棘

ナツアカネ 第8腹節では長く、9腹節の後縁を超える	**マダラナニワトンボ** 第8腹節では長く、9腹節の後縁を超える	**リスアカネ** 第8腹節では長く、9腹節の後縁を超える
ノシメトンボ 第8腹節では長く、9腹節の後縁を超える	**ナニワトンボ** 第8腹節では長く、9腹節の後縁を超える	**ネキトンボ** 変異が多く、第8腹節の先端は9腹節後縁に届かないものが多い
キトンボ 第8腹節での先端は9腹節の後縁に届かない	**オオキトンボ** 第8腹節での先端は9腹節の後縁に届かない	**ミヤマアカネ** 第8腹節では短く、先端は9腹節の後縁に届かない
マユタテアカネ 第8腹節では短く、長さは8腹節の半分以下が多い	**ヒメアカネ** 第8腹節では短く、長さは8腹節の半分以下	**マイコアカネ** 第8腹節では短く、長さは8腹節の半分内外
タイリクアカネ 第8腹節での先端は9腹節の後縁に届かない	**コノシメトンボ** 第8腹節での先端は9腹節の後縁に届かない	**オナガアカネ** 第8腹節では短く、先端は9腹節の後縁に届かない
アキアカネ 第8腹節での先端は9腹節の後縁に届く	**タイリクアキアカネ** 第8腹節での先端は9腹節の後縁に届く	**ムツアカネ** 側棘は第8・9腹節にあるがごく短く、各腹節の半分長にも満たない

■トンボ科若齢～亜終齢幼虫

ネキトンボ

中齢幼虫
(10.2 mm)

亜終齢幼虫
(14.8 mm)

卵で越冬する
アカネ属の他種とは
異なり、冬期に
幼虫が見られる

アキアカネ

中齢幼虫
(7.8 mm)

マイコアカネ
中齢幼虫
(10.8 mm)

亜終齢幼虫
(11.2 mm)

アカネ属の種は区別が難しいが、中齢～亜終齢では終齢に近い特徴が現れる

ショウジョウトンボ

中齢幼虫
(7.2 mm)

中齢幼虫
(12.3 mm)

若齢でも、頭部などはアカネ属に似るが、背棘はなく、側棘もごく小さく目立たない

ハッチョウトンボ

中齢幼虫
(3.5 mm)

亜終齢幼虫
(7 mm)

若い齢期でも、大きく張り出した複眼や、短く丸みのある体形など、特徴がよく現れている

コシアキトンボ

中齢幼虫
(11.2 mm)

亜終齢幼虫
(13.8 mm)

体形は終齢と似ており、外皮は硬めで細かな斑紋が目立つ

コフキトンボ

中齢幼虫
(8 mm)

中齢幼虫
(8.8 mm)

コシアキトンボと似ているが、体色は明るいものが多く、脚が長い

チョウトンボ

亜終齢幼虫
(12.5 mm)

終齢と同様に脚が長い。腹部先端の第10腹節は第9腹節に陥入する

オオシオカラトンボ
若齢幼虫
(4.7 mm)

中齢幼虫
(11 mm)

中齢幼虫
(8.1 mm)

亜終齢幼虫
(16 mm)

シオカラトンボに似るが中齢以降は黒い背棘が目立つ

シオカラトンボ

中齢幼虫
(6.2 mm)

中齢幼虫
(10.6 mm)

亜終齢幼虫
(15.4 mm)

中齢幼虫
(13 mm)

頭部は横長の四角形で複眼が小さい。背棘はなく側棘は小さく目立たない

ハラビロトンボ

亜終齢幼虫
(10.8 mm)

終齢と同じように
腹部の側棘や背棘が目立つ

ヨツボシトンボ

中齢幼虫
(10 mm)

中齢幼虫
(13.1 mm)

シオカラトンボ、シオヤトンボ、オオシオカラトンボに似るが頭部は五角形

■ 種名索引

太字は終齢幼虫、
細字は終齢幼虫の実物大写真、
青文字は成虫の掲載ページ

ア	アオイトトンボ	**45** 10 24
	アオサナエ	**77** 15 31
	アオハダトンボ	**49** 11 25
	アオビタイトンボ	**109** 20 40
	アオモンイトトンボ	**65** 12 28
	アオヤンマ	**69** 13 29
	アキアカネ	**107** 20 37
	アサヒナカワトンボ	**48** 10 25
	アジアイトトンボ	**65** 12 28
	アマゴイルリトンボ	**54** 11 26
	アメイロトンボ	**110** 21 40
	ウスバキトンボ	**111** 21 41
	ウチワヤンマ	**76** 15 31
	エゾイトトンボ	**59** 12 27
	エゾトンボ	**95** 17 35
	オオアオイトトンボ	**45** 10 24
	オオイトトンボ	**62** 12 27
	オオキトンボ	**104** 19 39
	オオギンヤンマ	**73** 14 30
	オオサカサナエ	**82** 16 33
	オオシオカラトンボ	**112** 21 42
	オオセスジイトトンボ	**63** 12 27
	オオトラフトンボ	**92** 17 35
	オオモノサシトンボ	**55** 11 26
	オオヤマトンボ	**98** 18 34
	オオルリボシヤンマ	**71** 14 30
	オグマサナエ	**80** 16 32
	オジロサナエ	**79** 15 32
	オゼイトトンボ	**59** 12 27
	オツネントンボ	**44** 10 24

	オナガアカネ	**106** 20 39
	オナガサナエ	**77** 15 31
	オニヤンマ	**89** 17 34
カ	カオジロトンボ	**108** 20 36
	カトリヤンマ	**70** 13 29
	カラカネイトトンボ	**58** 12 26
	カラカネトンボ	**93** 17 35
	キイトトンボ	**60** 12 26
	キイロサナエ	**83** 16 33
	キイロヤマトンボ	**98** 18 34
	キトンボ	**104** 19 39
	ギンヤンマ	**73** 14 30
	クロイトトンボ	**62** 12 27
	クロサナエ	**78** 15 32
	クロスジギンヤンマ	**73** 14 30
	グンバイトンボ	**54** 11 26
	コオニヤンマ	**76** 15 31
	コサナエ	**81** 16 32
	コシアキトンボ	**110** 21 40
	コシボソヤンマ	**68** 13 29
	コノシメトンボ	**106** 20 38
	コバネアオイトトンボ	**45** 10 24
	コフキトンボ	**110** 21 40
	コフキヒメイトトンボ	**64** 12 28
	コヤマトンボ	**98** 18 34
サ	サラサヤンマ	**68** 13 29
	シオカラトンボ	**112** 21 42
	シオヤトンボ	**112** 21 42
	ショウジョウトンボ	**108** 20 41
	スナアカネ	**108** 20 36

	セスジイトトンボ	**62**	12	27
タ	タイリクアカネ	**106**	20	37
	タイリクアキアカネ	**107**	20	37
	タイワンウチワヤンマ	**76**	15	31
	タカネトンボ	**94**	17	35
	ダビドサナエ	**78**	15	32
	タベサナエ	**80**	16	32
	チョウトンボ	**111**	20	36
	トラフトンボ	**92**	17	35
ナ	ナゴヤサナエ	**82**	16	33
	ナツアカネ	**102**	19	36
	ナニワトンボ	**102**	19	36
	ニホンカワトンボ	**48**	10	25
	ネアカヨシヤンマ	**69**	13	29
	ネキトンボ	**103**	19	39
	ノシメトンボ	**103**	19	37
ハ	ハグロトンボ	**49**	11	25
	ハッチョウトンボ	**109**	20	41
	ハネビロエゾトンボ	**95**	17	35
	ハネビロトンボ	**111**	21	40
	ハラビロトンボ	**113**	21	41
	ヒヌマイトトンボ	**64**	12	28
	ヒメアカネ	**105**	19	38
	ヒメクロサナエ	**79**	15	32
	ヒメサナエ	**79**	15	31
	フタスジサナエ	**81**	16	33
	ベッコウトンボ	**113**	21	42
	ベニイトトンボ	**60**	12	26
	ベニトンボ	**109**	20	41
	ホソミイトトンボ	**65**	12	28

	ホソミオツネントンボ	**44**	10	24
	ホソミモリトンボ	**93**	17	35
	ホンサナエ	**83**	16	33
マ	マイコアカネ	**105**	19	38
	マダラナニワトンボ	**102**	19	36
	マダラヤンマ	**71**	14	30
	マユタテアカネ	**105**	19	38
	マルタンヤンマ	**70**	13	29
	マンシュウイトトンボ	**59**	12	28
	ミヤジマトンボ	**115**	21	42
	ミヤマアカネ	**104**	19	38
	ミヤマカワトンボ	**49**	11	25
	ミヤマサナエ	**82**	16	33
	ミルンヤンマ	**69**	13	29
	ムカシトンボ	**66**	13	29
	ムカシヤンマ	**88**	17	34
	ムスジイトトンボ	**63**	12	27
	ムツアカネ	**107**	20	37
	メガネサナエ	**82**	16	33
	モイワサナエ	**78**	15	32
	モートンイトトンボ	**64**	12	28
	モノサシトンボ	**55**	11	26
	モリトンボ	**94**	17	35
ヤ	ヤブヤンマ	**70**	13	30
	ヤマサナエ	**83**	16	33
	ヨツボシトンボ	**113**	21	42
ラ	リスアカネ	**103**	19	37
	リュウキュウベニイトトンボ	**60**	12	26
	ルリイトトンボ	**58**	12	28
	ルリボシヤンマ	**71**	14	30

■ 参考文献

図鑑・図説・総説
- 石田勝義, 1996. 日本産トンボ目幼虫検索図説. x＋447 pp., 北海道大学図書刊行会, 札幌.
- 石田昇三・石田勝義・小島圭三・杉村光俊, 1988. 日本産トンボ幼虫・成虫検索図説. viii＋140 pp.＋72 pls.＋105 figs., 東海大学出版会, 東京.
- 石綿進一他(監), 2005. 日本産幼虫図鑑. 336 pp., 学習研究社, 東京.
- 尾園 暁・川島逸郎・二橋 亮, 2017. 日本のトンボ(第3版). 529 pp., 文一総合出版, 東京.
- 川合禎次・谷田一三(編), 2018. 日本産水生昆虫 科・属・種への検索 [第二版]. 1730 pp., 東海大学出版会, 東京.
- 日本環境動物昆虫学会(編), 2010. 改訂 トンボの調べ方. 339 pp., 文教出版, 大阪.
- 杉村光俊・石田昇三・小島圭三・石田勝義・青木典司, 1999. 原色日本トンボ幼虫・成虫大図鑑. xxxv＋917 pp., 北海道大学図書刊行会, 札幌.
- 梅田 孝(著)・渡利純也(写真), 2016. 平地で見られる主なヤゴの図鑑 身近なヤゴの見分け方. 127 pp., 世界文化社, 東京.
- 山本哲央・新村捷介・宮崎俊行・西浦信明, 2009. 近畿のトンボ図鑑. 239 pp., ミナミヤンマ・クラブ(発行)・いかだ社(発売), 東京.

学会誌・商業雑誌その他
- Aeschna(蜻蛉研究会, 大阪)
- Gracile(関西トンボ談話会, 奈良)
- Tombo(日本トンボ学会, 大阪)
- 月刊むし(むし社, 東京)
- 昆虫と自然(ニュー・サイエンス社, 東京)
- 新昆蟲(北隆館, 東京)

論文
- Okude G., Futahashi R., Tanahashi M., Fukatsu T. (2017) Laboratory Rearing System for *Ischnura senegalensis* (Insecta: Odonata) Enables Detailed Description of Larval Development and Morphogenesis in Dragonfly. *Zoological Science*, **34**(5): 386-397.
- Okude G., Fukatsu T., Futahashi R. (2021) Comprehensive comparative morphology and developmental staging of final instar larvae toward metamorphosis in the insect order Odonata. *Scientific Reports*, **11**: 5164.
- Okude G., Fukatsu T., Futahashi R. (2021) Electroporation-mediated RNA interference method in Odonata. *Journal of Visualized Experiments*, **168**: e61952.